高等院校计算机应用系列教材

Access 2016 数据库
应用教程实验指导

彭毅弘　程　丽　主　编

刘永芬　李盼盼　副主编

U0233008

清华大学出版社

北　京

内 容 简 介

本书是《Access 2016 数据库应用教程》(ISBN 978-7-302-60883-7)一书配套的实验指导用书,全书分为三部分:第一部分为实验指导,实验内容突出 Access 数据库的实际应用和操作开发能力,每个实验提供操作提示,读者通过上机实验可以基本理解数据库原理,并掌握数据库操作开发能力。第二部分为习题集,练习题基本覆盖教程各章节知识点,题型全面,紧扣考点和重点。第三部分为模拟试卷,提供了两套适用于全国计算机等级考试二级 Access 考试的模拟试卷。

本书实践性强,题型丰富,适合作为高校计算机等级考试 Access 数据库的实践指导书,也可作为相关专业学生学习 Access 数据库的辅助教材。

图书在版编目(CIP)数据

Access 2016 数据库应用教程实验指导 / 彭毅弘,程丽主编. —北京:清华大学出版社,2022.8(2025.1 重印)
高等院校计算机应用系列教材
ISBN 978-7-302-60854-7

Ⅰ. ①A… Ⅱ. ①彭… ②程… Ⅲ. ①关系数据库系统—高等学校—教材 Ⅳ. ①TP311.138

中国版本图书馆 CIP 数据核字(2022)第 081516 号

责任编辑:王 定
封面设计:高娟妮
版式设计:孔祥峰
责任校对:马遥遥
责任印制:杨 艳

出版发行:清华大学出版社
   网 址:https://www.tup.com.cn, https://www.wqxuetang.com
   地 址:北京清华大学学研大厦 A 座   邮 编:100084
   社 总 机:010-83470000   邮 购:010-62786544
   投稿与读者服务:010-62776969, c-service@tup.tsinghua.edu.cn
   质 量 反 馈:010-62772015, zhiliang@tup.tsinghua.edu.cn
印 装 者:涿州市般润文化传播有限公司
经 销:全国新华书店
开 本:185mm×260mm 印 张:11.5 字 数:257 千字
版 次:2022 年 8 月第 1 版 印 次:2025 年 1 月第 3 次印刷
定 价:49.80 元

产品编号:097105-01

前　言

数据库基础知识是当今大学生信息素养的重要组成部分，数据库应用课程是高等学校一门重要的计算机基础课程，不单普及数据管理知识和数据库操作技术，还涉及面向对象编程基础。在物联网和人工智能技术迅速发展，程序设计能力培养已经深入基础教育的今天，数据库应用课程中的程序开发技能显得尤为重要。

本书是《Access 2016 数据库应用教程》(ISBN 978-7-302-60883-7)一书配套的实验指导用书，主要内容包括创建数据库及表、查询设计、窗体设计、报表设计、宏设计、VBA 设计和 ADO 编程，并提供了习题集、两套模拟试卷及其参考答案用于学习者巩固所学知识。

全书主要由三部分内容和附录构成，内容安排如下。

第一部分为实验指导，实验内容突出 Access 数据库的实际应用和操作开发能力，每个实验提供操作提示，读者通过上机实验可以基本理解数据库原理，并掌握数据库操作开发能力。

第二部分为习题集，练习题基本覆盖教程各章节知识点，题型全面，紧扣考点和重点。

第三部分为模拟试卷，提供两套适用于全国计算机等级考试二级 Access 考试的模拟试卷。

附录为参考答案，列出了习题集参考答案和模拟试卷参考答案。

本书实践性强，题型丰富，适合作为高校计算机等级考试 Access 数据库的实践指导书，也可作为相关专业学生学习 Access 数据库的辅助性教材。

限于作者水平，书中难免存在疏漏或不妥之处，恳请广大读者批评指正。

本书提供丰富的配套资源，包括实验指导的数据库文件及资源、习题集的数据库文件及资源、模拟试卷的数据库文件及资源，下载地址如下：

实验指导的数据库
文件及资源

习题集的数据库
文件及资源

模拟试卷的数据库
文件及资源

编　者
2022 年 4 月

目　录

第一部分　实验指导·········1

实验1　创建数据库及表·········1

实验1-1　创建数据库·········1

实验1-2　创建表·········2

实验1-3　导入表·········3

实验1-4　设置字段的属性·········5

实验1-5　编辑与操作表·········5

实验1-6　建立表间关系·········6

实验1-7　设置参照完整性·········7

实验2　查询设计(使用设计视图)·········8

实验2-1　选择查询·········8

实验2-2　参数查询·········10

实验2-3　操作查询·········11

实验2-4　交叉表查询·········13

实验3　查询设计(使用SQL)·········13

实验3-1　SQL数据查询语句·········14

实验3-2　SQL数据操作语句·········15

实验4　窗体设计·········15

实验4-1　使用"窗体向导"工具

创建窗体·········16

实验4-2　使用"窗体设计"工具

创建窗体·········18

实验4-3　常用控件的使用·········19

实验5　报表设计·········22

实验5-1　使用"报表向导"工具

创建报表·········22

实验5-2　使用"报表设计"工具

创建报表·········23

实验6　宏设计·········24

实验6-1　创建独立宏·········25

实验6-2　创建自动运行宏·········26

实验7　VBA程序设计·········27

实验7-1　创建标准模块和过程·········27

实验7-2　创建窗体的事件过程·········28

实验7-3　使用选择结构·········29

实验7-4　使用循环结构·········31

实验7-5　过程的定义和调用·········32

实验8　ADO编程·········34

实验8-1　往数据表添加记录·········34

实验8-2　按指定条件获取记录集·········35

第二部分　习题集·········37

习题1　选择题·········37

1.1　数据库技术基础·········37

1.2　数据库和表·········43

1.3　查询·········51

1.4　结构化查询语言(SQL)·········56

1.5　窗体·········64

1.6　报表·········71

1.7　宏·········76

1.8　VBA程序设计·········80

1.9　VBA数据库访问技术·········96

习题2　操作题·········101

习题3　窗体设计·········116

习题4　VBA编程··············126
习题5　ADO编程··············129

第三部分　模拟试卷··············**141**
试卷1··············141
试卷2··············151

附录··············**163**
附录A　习题集参考答案··············163
习题1　选择题··············163

习题2　操作题··············165
习题3　窗体设计··············165
习题4　VBA编程··············165
习题5　ADO编程··············169
附录B　模拟试卷参考答案··············169
试卷1··············169
试卷2··············173

❧ 第一部分 ❧
实 验 指 导

实验1 创建数据库及表

【实验目的】

1. 掌握 Access 2016 的启动和退出。

2. 掌握表的创建方法，重点掌握设计视图创建方法和导入外部数据方式创建方法。

3. 掌握在表的设计视图中完成各种数据类型和属性的设置。

4. 掌握表的基本编辑和操作，包括表字段的编辑和表记录的操作。

5. 深入理解表间关系的含义，掌握表间关系的建立方法，学会子数据表的插入。

6. 深入理解参照完整性的含义，掌握参照完整性的设置，并理解级联更新和级联删除功能的含义。

实验 1-1 创建数据库

【实验要求】

1. 启动 Access 2016。

2. 创建一个空白的数据库，命名为"超市管理系统"，并将数据库保存到电脑桌面上。

【操作提示】

1. 启动 Access 2016。常用的方法是利用操作系统的"开始"菜单→Microsoft Office→Microsoft Access 2016 命令。

2. 创建数据库。如图 1-1 所示，在"开始"选项中单击"空白数据库"。

3. 在弹出窗口的"空白数据库"下的"文件名"框中输入文件名"超市管理系统"。

4. 更改文件的默认位置到桌面。单击"文件名"框右侧的浏览按钮，通过浏览窗口定位到桌面来存放数据库。

5. 单击"创建"按钮，一个空白数据库(超市管理系统.accdb)就创建好了。

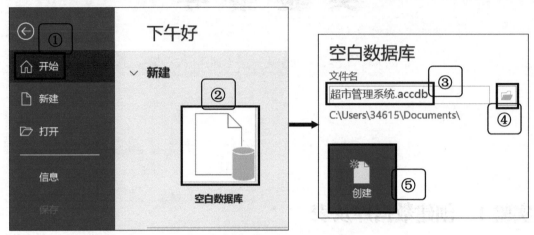

图 1-1　创建空白数据库

实验 1-2　创建表

【实验要求】

打开数据库"超市管理系统"，按以下要求完成操作。

1. 使用设计视图创建一个名为"部门"的表，表结构如表 1-1 所示。

表 1-1　"部门"表结构

字段名称	部门编号	部门名称	部门主管	部门电话	备注
数据类型	短文本，主键	短文本	短文本	短文本	长文本

2. 设置"部门编号"字段为主键，并保存表。

3. 切换到数据表视图，在表中输入记录，记录数据如表 1-2 所示。

表 1-2　"部门"表记录

部门编号	部门名称	部门主管	部门电话	备注
D1	客服部	Y001	86828385	负责售前和售后的客户服务
D2	人事部	Y006	86821222	负责人力资源管理
D3	销售部	Y009	86820304	负责商品销售
D4	财务处	Y013	86824511	负责资金预算、管理、登记、核算等

（续表）

部门编号	部门名称	部门主管	部门电话	备注
D5	采购部	Y015	86827171	负责商品采购
D6	行政部	Y020	86826698	负责后勤和行政管理事务

【操作提示】

1. 用设计视图创建新表。打开数据库"超市管理系统"→选择"创建"选项→单击"表设计"命令，就会生成一张新表。

2. 设计表结构。在表的设计视图里，输入字段名，并选择对应的数据类型。

3. 设置主键。在表的设计视图里，如图 1-2 所示，选中"部门编号"字段→单击"主键"命令，就会在"部门编号"字段左侧出现钥匙图案。

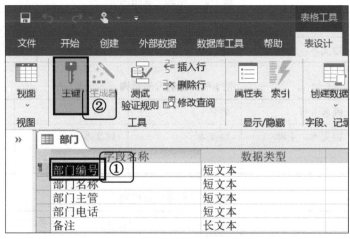

图 1-2　给"部门"表设置主键

4. 保存并命名。单击左上方的 🖫 按钮，将表命名为"部门"。

5. 在表中输入记录。把表切换到数据表视图，逐条录入部门信息，最后保存。

实验 1-3　导入表

【实验要求】

打开数据库"超市管理系统"，按以下要求完成操作。

1. 分别将"员工.xlsx""工资.xlsx""商品.xlsx""顾客.xlsx""订单.xlsx""销售.xlsx"这六张 Excel 表格导入到数据库中。

2. 按照表 1-3 至表 1-8 的表结构分别设置以上六张表的主键和字段的数据类型。

表 1-3　"员工"表结构

字段名称	员工编号	姓名	性别	出生日期	籍贯	电话	照片	部门编号	是否在职
数据类型	短文本，主键	短文本	短文本	日期/时间	短文本	短文本	OLE 对象	短文本	是/否
格式				短日期					是/否

表 1-4　"工资"表结构

字段名称	员工编号	发放日期	应发工资	扣税
数据类型	短文本	日期/时间	货币	货币
格式		短日期		

表 1-5　"商品"表结构

字段名称	商品编号	商品名称	规格	类别	库存	零售价
数据类型	短文本，主键	短文本	短文本	短文本	数字	货币

表 1-6　"顾客"表结构

字段名称	顾客卡号	姓名	性别	办卡日期
数据类型	短文本，主键	短文本	短文本	日期/时间
格式				短日期

表 1-7　"订单"表结构

字段名称	订单编号	顾客卡号	收银人员	消费时间	实付款
数据类型	短文本，主键	短文本	短文本	日期/时间	货币
格式				常规日期	

表 1-8　"销售"表结构

字段名称	订单编号	商品编号	购买数量
数据类型	短文本	短文本	数字

【操作提示】

1. 导入 Excel 表。打开数据库"超市管理系统"→选择"外部数据"选项→在"导入并链接"功能区中单击"新数据源"→"从文件"→Excel 图标→弹出"获取外部数据-Excel 电子表格"对话框→单击"浏览"按钮找到需要导入的"员工.xlsx"→选择"将数据导入当前数据库的新表中"→弹出"导入数据表向导"对话框→勾选"第一行包含列标题"复选框→设置"员工编号"为主键→在"导入到表"文本框中输入"员工"。

2. 按照以上步骤把其他的表导入到数据库中。

3. 在数据库中，打开每张表的设计视图，设置主键，然后为字段选择对应的数据类型和格式。

实验 1-4　设置字段的属性

【实验要求】

打开数据库"超市管理系统"，按以下要求完成操作。

1. 设置"员工"表的"员工编号"字段，数据固定由四个字符组成，第一个字符固定是英文 Y，后三个字符必须是数字。

2. 设置"员工"表的"姓名"字段，最多输入 10 个字符。

3. 设置"员工"表的"性别"字段，只能输入"男"或者"女"。

4. 设置"员工"表的"出生日期"字段，日期只能输入 1960 年及之后的时间，如果输入的时间在 1960 年之前，则提示"出生日期只能在 1960 年 1 月 1 日及之后"。

5. 设置"员工"表的"是否在职"字段，默认员工是在职的。

【操作提示】

1. 设置输入掩码。把"员工"表的"员工编号"字段的"输入掩码"属性设为：Y000。设置后数据库会自动在字母 Y 前加上斜杠/。

2. 设置字段大小。把"员工"表的"姓名"字段的"字段大小"属性设为：10。

3. 设置验证规则。把"员工"表的"性别"字段的"验证规则"设为："男" Or "女"。

4. 设置验证规则和验证文本。把"员工"表的"出生日期"字段的"验证规则"设为：>=#1960-01-01#，验证文本设为：出生日期只能在 1960 年 1 月 1 日及之后。

5. 设置默认值。把"员工"表的"是否在职"字段的"默认值"属性设为：Yes。

实验 1-5　编辑与操作表

【实验要求】

打开数据库"超市管理系统"，按以下要求完成操作。

1. 为"工资"表新增一个字段，命名为"实发工资"，数据类型设为"计算"，并使得该字段的值符合公式：实发工资=应发工资-扣税。

2. 把修改后的"工资"表以 Excel 格式导出到桌面上。

3. 把"部门"表中的"部门主管"字段和"部门电话"字段互换位置。

4. 把"部门"表中的"部门电话"字段里所有的 868 替换为 878。

【操作提示】

1. 增加字段。打开"工资"表的设计视图→增加"实发工资"字段→选择数据类型是"计算"→在弹出的表达式生成器界面内输入公式：[应发工资]-[扣税]→保存并切换到数据表视图。

2. 导出表。在导航窗格处，右击"工资"表→单击"导出"命令→选择 Excel 格式。

3. 移动字段位置。打开"部门"表的数据表视图→利用鼠标左键把"部门主管"字段拖曳到"部门电话"字段的后面。

4. 查找和替换数据。打开"部门"表的数据表视图→选中"部门电话"整个字段→单击"替换"命令→在"查找内容"框输入868→在"替换为"框输入878→查找范围选择"当前字段"→匹配选择"字段任何部分"→单击"全部替换"按钮。

实验 1-6　建立表间关系

【实验要求】

打开数据库"超市管理系统"，按以下要求完成操作。

1. 在数据库"超市管理系统"中，利用数据库工具中的"关系"命令，为"部门""员工""工资""商品""顾客""订单"和"销售"这七张表建立关系。表间关系如图 1-3 所示。

2. 基于表间关系，通过"员工"表查看每个员工的工资情况。

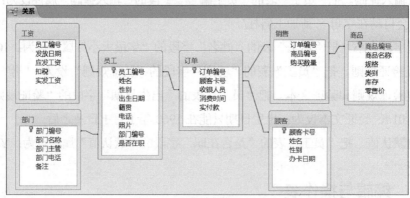

图 1-3　关系窗口中各表关系

【操作提示】

1. 建立表间关系。打开数据库"超市管理系统"→选择"数据库工具"选项→单击"关系"命令→弹出"关系"窗口→把七张表添加进去→调整表的位置→通过两表的主键和外键建立关系。

2. 插入子数据表。打开"员工"表的数据表视图→单击记录左边的加号→弹出"插入子数据表"对话框→选择"工资"表，就能看到该条记录的工资信息，如图 1-4 所示。

图1-4 "员工"表中插入子数据表

实验 1-7　设置参照完整性

【实验要求】

打开数据库"超市管理系统"，按以下要求完成操作。

1. 为"员工"表和"工资"表的关系建立参照完整性。

2. 为"员工"表和"订单"表的关系建立参照完整性。

3. 尝试删除"员工"表中的第一条记录，是否能删除成功？原因是什么？如果必须要删除"员工"表中的第一条记录，该如何设置？

4. 尝试修改"员工"表中的"员工编号"，是否能修改成功？原因是什么？如果必须要修改"员工"表中的"员工编号"，该如何设置？

【操作提示】

1. 建立参照完整性。打开数据库"超市管理系统"→进入"关系"窗口→编辑"员工"表和"工资"表的表间关系(对准两表间的连线双击鼠标即可)→弹出"编辑关系"对话框→勾选"参照完整性"。

2. 用同样的方法为"员工"表和"订单"表的表间关系设置参照完整性。

3. 无法删除"员工"表中的第一条记录，因为基于前面建立的参照完整性，"工资"表和"订单"表中有该员工的相关数据。如果必须要删除 "员工"表中的第一条记录，需要把"员工"表和"工资"表的表间关系的"级联删除相关记录"勾选，还要把"员工"表和"订单"表的表间关系的"级联删除相关记录"勾选。

4. 无法修改"员工"表中的"员工编号"，因为基于前面建立的参照完整性，"工资"表和"订单"表中有该员工的员工编号数据。如果必须要修改"员工"表中的"员工编号"，需要把"员工"表和"工资"表的表间关系的"级联更新相关字段"勾选，还要把"员工"表和"订单"表的表间关系的"级联更新相关字段"勾选。

设置效果如图1-5所示。

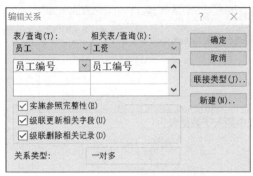

图1-5 设置表间关系的级联更新和级联删除

实验2 查询设计(使用设计视图)

【实验目的】

1. 掌握选择查询的设计方法,能够使用设计视图完成多种查询方式。

2. 能够使用设计视图完成参数查询设计。

3. 掌握操作查询的设计方法,能够使用设计视图完成生成表查询、追加查询、更新查询和删除查询的设计。

4. 掌握交叉表查询的设计。

实验2-1 选择查询

【实验要求】

打开数据库"超市管理系统",按以下要求完成操作。

1. 以"部门"表和"员工"表为数据源,使用设计视图创建一个名为"员工所在部门"的选择查询,查询结果如图1-6所示。

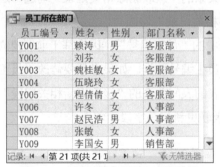

图1-6 "员工所在部门"查询结果

2. 以"商品"表为数据源，使用设计视图创建一个名为"库存小于 20 的商品"的选择查询，查询结果如图 1-7 所示，其中库存按升序排列。

库存小于20的商品		
商品编号	商品名称	库存
S2018010217	电热水壶	2
S2018010220	高清电视机	7
S2018010216	电饭煲	10

图 1-7 "库存小于 20 的商品"查询结果

3. 以"部门"表、"员工"表和"工资"表为数据源，使用设计视图创建一个名为"按部门统计实发工资"的选择查询，查询结果如图 1-8 所示。

按部门统计实发工资				
部门编号	部门名称	平均实发工资	最高实发工资	最低实发工资
D1	客服部	¥6,150.56	¥7,142.00	¥5,284.40
D2	人事部	¥5,297.12	¥5,709.20	¥5,091.08
D3	销售部	¥4,771.56	¥5,709.20	¥4,285.70
D4	财务处	¥4,834.70	¥5,529.20	¥4,140.20
D5	采购部	¥3,944.45	¥3,968.70	¥3,920.20
D6	行政部	¥4,168.33	¥5,349.20	¥3,774.70

图 1-8 "按部门统计实发工资"查询结果

4. 以"部门"表和"员工"表为数据源，使用设计视图创建一个名为"统计部门人数"的选择查询，查询结果如图 1-9 所示。

统计部门人数		
部门编号	部门名称	人数
D1	客服部	5
D2	人事部	3
D3	销售部	4
D4	财务处	2
D5	采购部	2
D6	行政部	4

图 1-9 "统计部门人数"查询结果

5. 以"工资"表为数据源，使用设计视图创建一个名为"统计扣税比例"的选择查询，查询结果如图 1-10 所示。其中"扣税比例"字段的显示格式是百分比，扣税比例=扣税÷应发工资。

统计扣税比例					
员工编号	发放日期	应发工资	扣税	扣税比例	
Y001	2018/1/1	¥7,430.00	¥288.00	3.88%	
Y001	2018/2/1	¥7,430.00	¥288.00	3.88%	
Y002	2018/1/1	¥6,170.00	¥162.00	2.63%	
Y002	2018/2/1	¥6,170.00	¥162.00	2.63%	
Y003	2018/1/1	¥6,038.00	¥148.80	2.46%	
Y003	2018/2/1	¥6,038.00	¥148.80	2.46%	
Y004	2018/1/1	¥5,366.00	¥81.60	1.52%	
Y004	2018/2/1	¥5,366.00	¥81.60	1.52%	

记录：◄ 第1项(共 40 项) ► 无筛选器 搜索

图 1-10 "统计扣税比例"查询结果

【操作提示】

1. "员工所在部门"查询的创建方法：选择"创建"选项→单击"查询设计"→在查询设计视图中，选择"员工"和"部门"表→字段选择"员工编号""姓名""性别"和"部门名称"→保存查询，命名为"员工所在部门"。

2. "库存小于 20 的商品"查询的创建方法：选择"创建"选项→单击"查询设计"→在查询设计视图中，选择"商品"表→字段选择"商品编号""商品名称"和"库存"→在"库存"字段的"排序"行选择"升序"→在"库存"字段的"条件"行输入表达式：<20→保存查询，命名为"库存小于 20 的商品"。

3. "按部门统计实发工资"查询的设计视图如图 1-11 所示。

字段:	部门编号 ▼	部门名称	平均实发工资: 实发工资	最高实发工资: 实发工资	最低实发工资: 实发工资
表:	部门	部门	工资	工资	工资
总计:	Group By	Group By	平均值	最大值	最小值
排序:					
显示:	☑	☑	☑	☑	☑
条件:					
或:					

图 1-11　"按部门统计实发工资"查询的设计视图

4. "统计部门人数"查询的设计视图如图 1-12 所示。

字段:	部门编号 ▼	部门名称	人数: 员工编号
表:	部门	部门	员工
总计:	Group By	Group By	计数
排序:			
显示:	☑	☑	☑
条件:			
或:			

图 1-12　"统计部门人数"查询的设计视图

5. "统计扣税比例"查询的设计视图如图 1-13 所示。在设计视图中选中"扣税比例"，打开"属性表"，格式选择为"百分比"。

字段:	员工编号	发放日期	应发工资	扣税	扣税比例: [扣税]/[应发工资]
表:	工资	工资	工资	工资	
排序:					
显示:	☑	☑	☑	☑	☑
条件:					
或:					

图 1-13　"统计扣税比例"查询的设计视图

实验 2-2　参数查询

【实验要求】

打开数据库"超市管理系统"，以"商品"表为数据源，使用设计视图创建一个名为"根据商品类别查询"的参数查询，当运行查询时，先弹出一个"输入参数值"的对话框，对话框上提示"请输入商品类别"，当输入正确的商品类别时，比如输入"电器"，则查询的显示结果如图 1-14 所示。

图 1-14 "根据商品类别查询"查询结果

【操作提示】

创建方法：选择"创建"选项→单击"查询设计"→在查询设计视图中，选择"商品"表→字段选择"商品编号""商品名称""规格""类别"和"零售价"→在"类别"字段的"条件"行输入表达式：[请输入商品类别]→保存查询，命名为"根据商品类别查询"。

实验 2-3 操作查询

【实验要求】

打开数据库"超市管理系统"，按以下要求完成操作。

1. 以"员工"表为数据源，使用设计视图创建一个名为"生成福建男性员工信息"的生成表查询，作用是生成一张名为"福建员工信息"的新表，新表里显示来自福建的男性员工信息，如图 1-15 所示。创建成功后运行查询，检查是否正确生成新表。

员工编号	姓名	性别	出生日期	籍贯
Y001	赖涛	男	1965/12/15	福建
Y007	赵民浩	男	1985/11/2	福建
Y011	林鹏	男	1981/4/7	福建
Y018	周彬	男	1989/8/21	福建
Y019	彭洪	男	1991/6/22	福建

图 1-15 "生成福建男性员工信息"查询结果

2. 以"员工"表为数据源，使用设计视图创建一个名为"追加福建女性员工信息"的追加查询，作用是将来自福建的女性员工信息追加到"福建员工信息"表中去，查询结果如图 1-16 所示。创建成功后运行查询，检查是否正确追加数据到表中。

3. 以"福建员工信息"表为数据源，使用设计视图创建一个名为"把福建改为福州"的更新查询，作用是将表中籍贯是福建的全部改为福州。创建成功后运行查询，检查是否正确更新表中数据。

图1-16 "追加福建女性员工信息"查询结果

4. 以"福建员工信息"表为数据源，使用设计视图创建一个名为"删除1990年后出生的男性员工信息"的删除查询，作用是将表中1990年及以后出生的男性员工信息删除。创建成功后运行查询，检查是否正确删除表中数据。

【操作提示】

1. "生成福建男性员工信息"查询的创建方法：选择"创建"选项→单击"查询设计"→在查询设计视图中，选择"员工"表→字段选择"员工编号""姓名""性别""出生日期"和"籍贯"→在"性别"字段的"条件"行输入表达式：男→在"籍贯"字段的"条件"行输入表达式：福建→单击查询工具中的"生成表"按钮→弹出"生成表"对话框，输入新表名称"福建员工信息"→保存查询，命名为"生成福建男性员工信息"。

2. "追加福建女性员工信息"查询的创建方法：选择"创建"选项→单击"查询设计"→在查询设计视图中，选择"员工"表→字段选择"员工编号""姓名""性别""出生日期"和"籍贯"→在"性别"字段的"条件"行输入表达式：女→在"籍贯"字段的"条件"行输入表达式：福建→单击查询工具中的"追加"按钮→弹出"追加"对话框，输入要追加的表名"福建员工信息"→保存查询，命名为"追加福建女性员工信息"。

3. "把福建改为福州"查询的创建方法：选择"创建"选项→单击"查询设计"→在查询设计视图中，选择"福建员工信息"表→字段选择"籍贯"→单击查询工具中的"更新"按钮→在"籍贯"字段的"更新为"行输入表达式：福州→在"籍贯"字段的"条件"行输入表达式：福建→保存查询，命名为"把福建改为福州"。

4. "删除1990年后出生的男性员工信息"查询的创建方法：选择"创建"选项→单击"查询设计"→在查询设计视图中，选择"福建员工信息"表→字段选择"性别"和"出生日期"→单击查询工具中的"删除"按钮→在"性别"字段的"条件"行输入表达式：男→在"出生日期"字段的"条件"行输入表达式：>=#1990/1/1#→保存查询，命名为"删除1990年后出生的男性员工信息"。

实验 2-4 交叉表查询

【实验要求】

打开数据库"超市管理系统",使用设计视图创建一个名为"按性别统计各商品类别购买数量"的交叉表查询,作用是按照顾客性别分别统计每种类别商品的购买数量,查询的显示结果如图 1-17 所示。

图 1-17 "按性别统计各商品类别购买数量"查询结果

【操作提示】

"按性别统计各商品类别购买数量"查询的设计视图如图 1-18 所示。

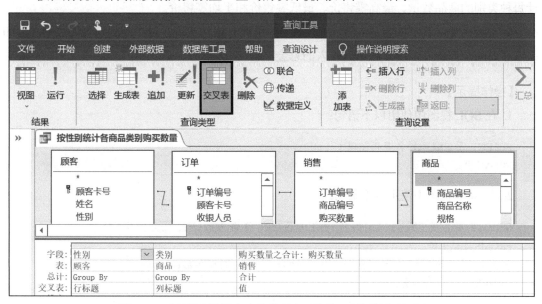

图 1-18 "按性别统计各商品类别购买数量"查询的设计视图

实验 3 查询设计(使用 SQL)

【实验目的】

1. 掌握 SQL 语言的数据查询语句。

2. 掌握 SQL 语言的数据操作语句。

实验 3-1 SQL 数据查询语句

【实验要求】

打开数据库"超市管理系统",使用 SQL 语句完成以下操作。

1. 创建一个名为"实验 3-1-1"的查询,使用 SQL 语句实现:从"员工"表中查找"员工编号""姓名"和"是否在职"信息。

2. 创建一个名为"实验 3-1-2"的查询,使用 SQL 语句实现:从"员工"表和"工资"表中查找"员工编号""姓名""是否在职""发放日期"和"实发工资"信息,工资发放日期只显示 1 月份的,实发工资按降序排列。

3. 创建一个名为"实验 3-1-3"的查询,使用 SQL 语句实现:查询"商品"表中的商品类别有哪几种。

4. 创建一个名为"实验 3-1-4"的查询,使用 SQL 语句实现:以"商品"表为数据源,统计每种类别的商品数量、最高零售价、最低零售价和平均零售价。

5. 创建一个名为"实验 3-1-5"的查询,使用 SQL 语句实现:以"商品"表为数据源,如果库存商品全部售完,统计超市应收入的总金额。

【操作提示】

1. 在 SQL 视图中使用以下语句:

```
SELECT 员工编号,姓名,是否在职
FROM 员工;
```

2. 在 SQL 视图中使用以下语句:

```
SELECT 员工.员工编号, 员工.姓名, 员工.是否在职, 工资.发放日期, 工资.实发工资
FROM 员工,工资
WHERE 员工.员工编号 = 工资.员工编号 AND 工资.发放日期= #2018/1/1#
ORDER BY 工资.实发工资 DESC;
```

3. 在 SQL 视图中使用以下语句:

```
SELECT Distinct 类别
FROM 商品;
```

4. 在 SQL 视图中使用以下语句:

```
SELECT 类别, Count(商品编号) AS 商品数量, Max(零售价) AS 最高零售价, Min(零售价)
     AS 最低零售价, Avg(零售价) AS 平均零售价
FROM 商品
GROUP BY 类别;
```

5. 在 SQL 视图中使用以下语句：

```
SELECT SUM(库存*零售价) AS 总金额
FROM 商品;
```

实验 3-2　SQL 数据操作语句

【实验要求】

打开数据库"超市管理系统"，使用 SQL 语句完成以下操作。

1. 创建一个名为"实验 3-2-1"的查询，使用 SQL 语句实现：将一种新商品的信息(商品编号，S2018010221；商品名称，充电宝；规格，10000 毫安；类别，电器；库存，200；零售价，159)添加到"商品"表中。

2. 创建一个名为"实验 3-2-2"的查询，使用 SQL 语句实现：将"商品"表中商品名称是"充电宝"的商品规格改为"20000 毫安"，零售价改为219。

3. 创建一个名为"实验 3-2-3"的查询，使用 SQL 语句实现：删除"商品"表中商品编号为 S2018010221 的商品记录。

【操作提示】

1. 在 SQL 视图中使用以下语句：

```
Insert Into 商品(商品编号, 商品名称, 规格, 类别, 库存, 零售价)
Values ("S2018010221", "充电宝", "10000 毫安", "电器", 200, 159);
```

2. 在 SQL 视图中使用以下语句：

```
Update 商品
Set 规格="20000 毫安",零售价=219
Where 商品名称="充电宝";
```

3. 在 SQL 视图中使用以下语句：

```
Delete From 商品
Where 商品编号="S2018010221";
```

实验 4　窗体设计

【实验目的】

1. 掌握使用"窗体向导"工具创建窗体的方法和步骤。

2. 掌握使用"窗体设计"工具创建窗体的方法和步骤。

3. 掌握各种常用控件的创建和使用方法。

实验 4-1　使用"窗体向导"工具创建窗体

【实验要求】

打开数据库"超市管理系统",按以下要求完成操作。

1. 使用"窗体向导"工具,为"部门"表创建一个"纵栏"式窗体,命名为"部门-纵栏式窗体",效果如图 1-19 所示。

图 1-19　部门-纵栏式窗体

2. 使用"窗体向导"工具,为"部门"表创建一个"表格"式窗体,命名为"部门-表格式窗体",效果如图 1-20 所示。

部门-表格式窗体				
部门编号	部门名称	部门主管	部门电话	备注
D1	客服部	Y001	87828385	负责售前和售后的客户服务
D2	人事部	Y006	87821222	负责人力资源管理
D3	销售部	Y009	87820304	负责商品销售
D4	财务处	Y013	87824511	负责资金预算、管理、登记、核算等
D5	采购部	Y015	87827171	负责商品采购
D6	行政部	Y020	87826698	负责后勤和行政管理事务

图 1-20　部门-表格式窗体

3. 使用"窗体向导"工具,创建一个带子窗体的窗体,命名为"部门与员工信息",效果如图 1-21 所示,主窗体中显示部门信息,子窗体中显示当前部门的员工信息。

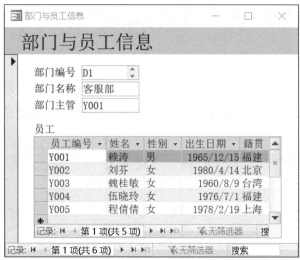

图 1-21 "部门与员工信息"窗体

【操作提示】

1. 创建"部门-纵栏式窗体"的步骤：

(1) 单击"创建"选项→选择"窗体向导"按钮→弹出"窗体向导"对话框。

(2) 在"表/查询"下拉列表中选择"部门"表→把左侧的字段全部选到右侧，单击"下一步"按钮。

(3) 选择"纵栏表"布局，单击"下一步"按钮。

(4) 为窗体命名为"部门-纵栏式窗体"，单击"完成"按钮。

(5) 在窗体的设计视图里，打开属性表，把"窗体"的"标题"改为"部门-纵栏式窗体"，"弹出方式"改为"是"。

(6) 在窗体的布局视图里调整显示效果。

2. 创建"部门-表格式窗体"。参照上面的步骤，不同的地方是布局选择"表格"。

3. 创建"部门与员工信息"窗体的步骤：

(1) 单击"创建"选项→选择"窗体向导"按钮→弹出"窗体向导"对话框。

(2) 在"表/查询"下拉列表中选择"部门"表→把"部门编号""部门名称"和"部门主管"字段选到右侧。

(3) 在"表/查询"下拉列表中选择"员工"表→把"员工编号""姓名""性别""出生日期"和"籍贯"字段选到右侧，单击"下一步"按钮。

(4) "查看数据方式"选择"通过部门"→选中"带子窗体的窗体"，单击"下一步"按钮。

(5) 布局选择"数据表"，单击"下一步"按钮。

(6) 为主窗体命名为"部门与员工信息"，子窗体名字默认，单击"完成"按钮。

(7) 在窗体的设计视图里，打开属性表，把"窗体"的"弹出方式"改为"是"。

(8) 在窗体的布局视图里调整控件的位置。

实验 4-2　使用“窗体设计”工具创建窗体

【实验要求】

打开数据库“超市管理系统”，使用“窗体设计”工具创建一个名为“员工名单”的窗体，效果如图 1-22 所示。在窗体页眉处显示标题和字段名，在窗体页脚处显示当前日期和员工总人数。

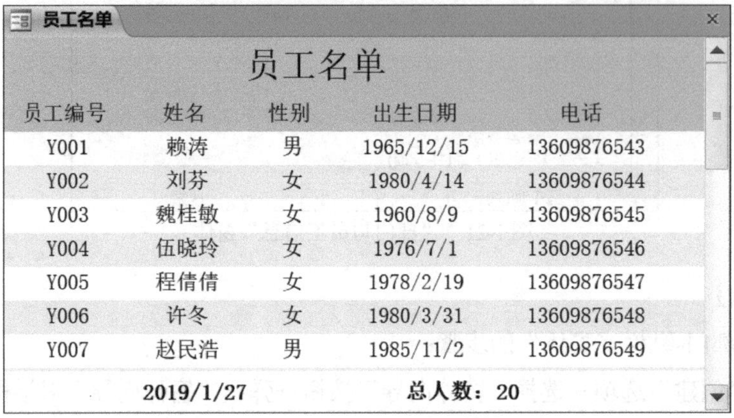

员工名单

员工名单

员工编号	姓名	性别	出生日期	电话
Y001	赖涛	男	1965/12/15	13609876543
Y002	刘芬	女	1980/4/14	13609876544
Y003	魏桂敏	女	1960/8/9	13609876545
Y004	伍晓玲	女	1976/7/1	13609876546
Y005	程倩倩	女	1978/2/19	13609876547
Y006	许冬	女	1980/3/31	13609876548
Y007	赵民浩	男	1985/11/2	13609876549

2019/1/27　　总人数：20

图 1-22　“员工名单”窗体

【操作提示】

创建“员工名单”窗体的步骤：

(1) 单击“创建”选项→选择“窗体设计”按钮，创建一个空白的窗体→保存命名为“员工名单”。

(2) 在设计视图下打开“属性表”→为“窗体”的“记录源”选择“员工”表。

(3) 调出窗体页眉和页脚→在窗体页眉处添加一个标签控件→输入“员工名单”→把标签的字体设为宋体、18 号。

(4) 单击“添加现有字段”命令打开“字段列表”→把“员工编号”“姓名”“性别”“出生日期”和“电话”字段拖进窗体的主体里。

(5) 把主体里所有字段的文本框左侧的标签控件剪切到窗体页眉里→调整好所有控件的位置。

(6) 在“属性表”里把“窗体”的“默认视图”改为“连续窗体”，“记录选择器”改为“否”，“导航按钮”改为“否”→选择主体里的所有文本框，把它们的“边框样式”改为“透明”→选择窗体页眉里的所有标签，把它们的“边框样式”改为“透明”。

(7) 在窗体页脚处，添加一个不带标签的文本框，输入表达式“=Date()”→再添加一个带标签的文本框，标签内输入“总人数：”，文本框输入表达式“=Count([员工编号])”→把两个文本框的“边框样式”改为“透明”。

窗体的设计视图如图 1-23 所示。

图 1-23 "员工名单"窗体的设计视图

实验 4-3 常用控件的使用

【实验要求】

打开数据库"超市管理系统",按以下要求完成操作。

1. 创建一个名为"顾客消费信息"的窗体,显示效果如图 1-24 所示。其中单击按钮"下一条"可以查看下一个顾客信息及其消费记录,单击按钮"上一条"可以查看上一个顾客信息及其消费记录,消费记录用子窗体控件来显示。按钮上的 N 和 P 分别是"上一条"和"下一条"的快速访问键。

图 1-24 "顾客消费信息"窗体

2. 创建一个名为"添加新员工"的窗体,显示效果如图 1-25 所示。其中"性别"采用组合框方式让用户选择"男"或"女","部门名称"采用列表框方式让用户选择部门名称,"学位"的三种选择是单选,"添加信息"按钮不需要设置功能,单击"关闭窗体"按钮来关闭当前窗体。

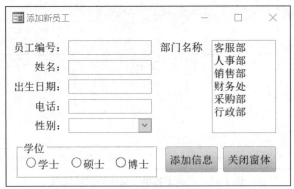

图1-25　"添加新员工"窗体

3. 创建一个名为"切换面板"的窗体，显示效果如图 1-26 所示。当单击"员工名单"按钮时打开"员工名单"窗体，单击"添加新员工"按钮时打开"添加新员工"窗体，单击"顾客消费信息"按钮时打开"顾客消费信息"窗体，单击"部门与员工信息"按钮时打开"部门与员工信息"窗体，单击"退出 Access 数据库"按钮时关闭数据库。

图1-26　"切换面板"窗体

【操作提示】

1. 创建"顾客消费信息"窗体的步骤：

(1) 单击"创建"选项→选择"窗体设计"按钮，创建一个空白的窗体→保存命名为"顾客消费信息"。

(2) 在窗体的设计视图里，打开"属性表"，为窗体的"记录源"选择"顾客"表→打开"字段列表"，把"顾客卡号""姓名""性别"和"办卡日期"拖进窗体的主体里。

(3) 开启控件向导功能→添加一个按钮控件→在弹出的"命令按钮向导"对话框里选择"记录导航"的"转至下一项记录"，单击"下一步"按钮→选择文本，框内输入"下一条(&N)"，单击"下一步"按钮→按钮名称默认，单击"完成"按钮。

(4) 再添加一个按钮控件→在弹出的"命令按钮向导"对话框里选择"记录导航"的"转至前一项记录"，单击"下一步"按钮→选择文本，框内输入"上一条(&P)"，单击"下一步"按钮→按钮名称默认，单击"完成"按钮。

(5) 添加一个"子窗体/子报表"控件→在弹出的"子窗体向导"对话框里选择"使用现有的表和查询"，单击"下一步"按钮→选择"订单"表的"消费时间"和"实付款"字段到右侧，单击"下一步"按钮→默认，单击"下一步"按钮→为子窗体命名为"消费信息"，单击"完成"按钮。

(6) 在"属性表"里→把"窗体"的"记录选择器"改为"否"，"导航按钮"改为"否"，"滚动条"设为"二者均无"，"弹出方式"改为"是"。

(7) 把窗体切换到布局视图，调整控件的位置，保存。

2. 创建"添加新员工"窗体的步骤：

(1) 单击"创建"选项→选择"窗体设计"按钮，创建一个空白的窗体→保存命名为"添加新员工"。

(2) 在窗体的设计视图里，添加四个带标签的文本框，各标签分别输入：员工编号、姓名、出生日期、电话，各文本框不绑定任何字段。

(3) 开启控件向导功能→添加一个组合框控件→在弹出的"组合框向导"对话框里选择"自行键入所需的值"，单击"下一步"按钮→在第1列里输入男和女两行，单击"下一步"按钮→标签名为"性别"，单击"完成"按钮。

(4) 开启控件向导功能→添加一个列表框控件→在弹出的"列表框向导"对话框里选择"使用列表框获取其他表或查询中的值"，单击"下一步"按钮→选择"部门"表，单击"下一步"按钮→把"部门名称"字段选到右侧→按"部门编号"升序展示，单击"下一步"按钮→勾选"隐藏键列"，单击"下一步"按钮→标签默认是"部门名称"，单击"完成"按钮。

(5) 开启控件向导功能→添加一个选项组控件→在弹出的"选项组向导"对话框里填入三个标签名称：学士、硕士、博士，单击"下一步"按钮→选择"否，不需要默认选项"，单击"下一步"按钮→选项赋值默认，单击"下一步"按钮→选择"选项按钮"，单击"下一步"按钮→标题命名为"学位"，单击"完成"按钮。

(6) 添加一个按钮控件，标题输入"添加信息"。

(7) 开启控件向导功能→添加一个按钮控件→在弹出的"命令按钮向导"对话框里选择"窗体操作"的"关闭窗体"，单击"下一步"按钮→选择"文本"，文本内容默认为"关闭窗体"，单击"下一步"按钮→按钮名称默认，单击"完成"按钮。

(8) 在"属性表"里把"窗体"的"记录选择器"改为"否"，"导航按钮"改为"否"，"滚动条"设为"二者均无"，"弹出方式"改为"是"。

(9) 调整控件的位置，保存。

3. 创建"切换面板"窗体的步骤：

(1) 单击"创建"选项→选择"窗体设计"按钮，创建一个空白的窗体→保存命名为"切换面板"。

(2) 添加一个图像控件→在弹出框里选择需要的图片→把图片的"缩放模式"改为"拉伸"。

(3) 开启控件向导功能→添加一个按钮控件→在弹出的"命令按钮向导"对话框里选择"窗体操作"的"打开窗体"，单击"下一步"按钮→选择"员工名单"窗体，单击"下一步"按钮→选择"打开窗体并显示所有记录",单击"下一步"按钮→选择"文本",文本内容输入"员工名单",单击"下一步"按钮→按钮名称默认,单击"完成"按钮。

(4) 采用相同的方法添加"添加新员工""顾客消费信息"和"部门与员工信息"三个按钮。

(5) 开启控件向导功能→添加一个按钮控件→在弹出的"命令按钮向导"对话框里选择"应用程序"的"退出应用程序",单击"下一步"按钮→选择"文本",文本内容输入"退出 Access 数据库",单击"下一步"按钮→按钮名称默认,单击"完成"按钮。

(6) 在"属性表"里→把"窗体"的"记录选择器"改为"否","导航按钮"改为"否","滚动条"设为"二者均无","弹出方式"改为"是"。

(7) 调整控件的位置,保存。

实验 5　报表设计

【实验目的】

1. 掌握使用"报表向导"工具创建报表的方法和步骤。

2. 掌握使用"报表设计"工具创建报表的方法和步骤。在设计视图中添加控件,修改属性和调整报表布局,使用报表的分组和汇总功能。

实验 5-1　使用"报表向导"工具创建报表

【实验要求】

打开数据库"超市管理系统",使用"报表向导"工具,创建一个名为"商品信息"的报表,效果如图 1-27 所示。报表中按照"类别"字段分组显示商品信息。

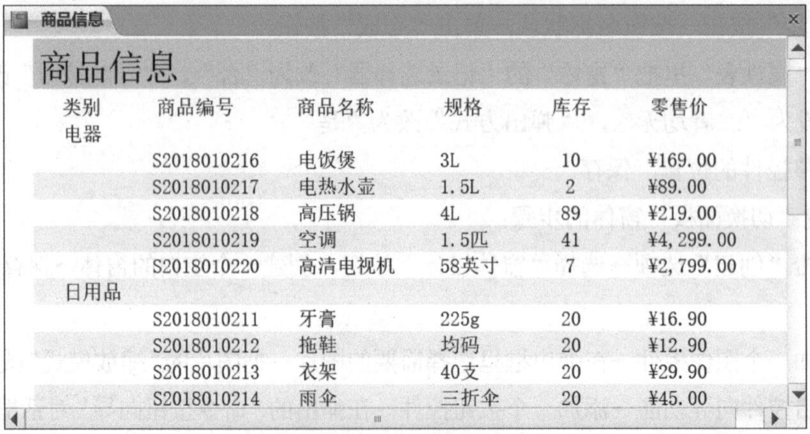

图 1-27　"商品信息"报表

【操作提示】

创建"商品信息"报表的步骤：

(1) 单击"创建"选项→选择"报表向导"按钮，弹出"报表向导"对话框。

(2) 选择"商品"表，把所有字段选到右侧，单击"下一步"按钮。

(3) 添加"类别"字段为分组字段，单击"下一步"按钮。

(4) 选择按"商品编号"升序排列，单击"下一步"按钮。

(5) 布局方式默认，单击"下一步"按钮。

(6) 报表命名为"商品信息"，单击"完成"按钮。

(7) 把报表切换到布局视图，调整控件的位置和排版，保存。

实验 5-2 使用"报表设计"工具创建报表

【实验要求】

打开数据库"超市管理系统"，使用"报表设计"工具，创建一个名为"员工信息"的报表，效果如图 1-28 所示。按照"部门名称"字段分组显示员工信息，并统计每个部门的员工人数。

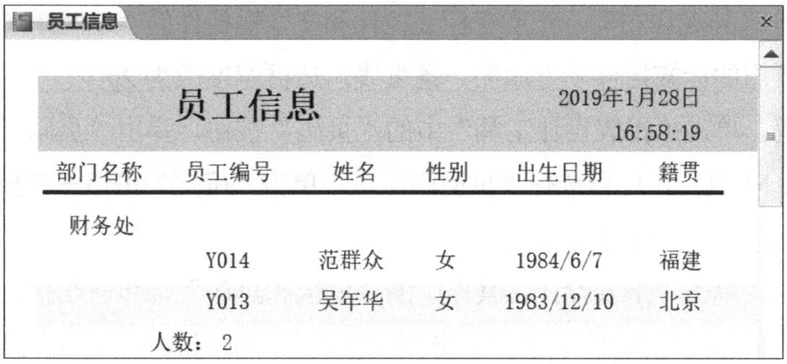

(a) 财务处员工信息

(b) 行政部员工信息

图 1-28 "员工信息"报表

【操作提示】

创建"员工信息"报表的步骤：

(1) 单击"创建"选项→选择"报表设计"按钮，创建一个空白报表→保存命名为"员工信息"。

(2) 为报表绑定数据源。由于报表需要的字段来自多张表，所以利用新建查询的方式来绑定。单击报表的属性"记录源"右侧的 ┈ 符号，弹出创建查询的窗口→选择"部门"表和"员工"表→选择"部门名称""员工编号""姓名""性别""出生日期"和"籍贯"字段→单击"关闭"按钮，弹出提示信息，单击"是"按钮。

(3) 对着报表空白地方单击右键，把报表页眉/页脚和页面页眉/页脚调出来。

(4) 在报表页眉处添加一个标签控件，标题改为"员工信息"，字体设为18号，加粗。

(5) 在报表页眉处添加两个文本框控件(删除左侧自带的标签控件)，一个文本框控件显示当前日期，打开属性表，"控件来源"属性填写"=Date( )"，把"格式"属性改为"长日期"，"背景样式"和"边框样式"改为"透明"。另一个文本框显示当前时间，"控件来源"属性填写"=Time( )"，"格式"属性改为"长时间"，"背景样式"和"边框样式"改为"透明"。

(6) 为报表添加控件。打开字段列表→把所需字段拖曳到报表的主体中→把报表主体中的所有标签控件选中，剪切到页面页眉中，使得主体中的控件都是文本框控件→切换到布局视图调整好控件的大小、外观和布局→把所有标签控件和文本框控件的"边框样式"改为"透明"。

(7) 在页面页眉的标签控件下方添加一条直线，边框宽度改为2pt。

(8) 添加页码。单击"报表设计工具"中的"页码"按钮，弹出"页码"对话框，格式选择"第N页，共M页"，位置选择"页面底端"，单击"确定"按钮→在报表的页面页脚处会增加一个显示页码的文本框控件。

(9) 添加分组。单击"报表设计工具"中的"分组和排序"按钮→在报表最下方出现"分组、排序和汇总"窗格→单击"添加组"，分组字段选择"部门名称"，在报表中就会出现"部门名称页眉"部分→把主体中的"部门名称"文本框剪切到"部门名称页眉"中。

(10) 添加汇总。在"分组、排序和汇总"窗格里，单击"更多"→出现"无汇总"按钮，单击"无汇总"→在弹出的下拉列表中，选择"汇总方式"是"员工编号"字段，"类型"是"记录计数"→勾选"在组页脚中显示小计"→在组页脚的文本框左边添加一个标签控件，标题改为"人数："。

实验 6　宏设计

【实验目的】

1. 掌握创建宏和宏组的方法，并能够使用窗体运行宏。

2. 掌握创建自动运行宏的方法。

实验 6-1 创建独立宏

【实验要求】

打开数据库"超市管理系统",按以下要求完成宏的设计。

1. 创建一个名为"打开商品表"的宏,功能是先弹出一个提示框,提示信息显示"单击确定打开商品表",单击提示框上的"确定"按钮,提示框消失,然后以"只读"模式打开"商品"表。

2. 创建一个名为"询问是否打开窗体"的宏,功能是先弹出一个消息框,询问"是否要打开切换面板?",如果选择按钮"是",则打开窗体"切换面板";如果选择按钮"否",则打开报表"商品信息"。

3. 创建一个名为"密码校验"的宏组,宏组里有一个子宏 OK,功能是判断窗体"密码框"的输入密码是否为 8888,如果正确则打开报表"员工信息",而且只显示籍贯是福建的员工信息;如果输入的密码错误则提示"密码错误,请重新输入!",关闭提示框后焦点回到输入密码的文本框中。宏组里还有一个子宏 Cancel,其功能是关闭"密码框"窗体。

"密码框"窗体(需要创建这个窗体)如图 1-29 所示,在文本框 Text1 中输入密码时不能明文显示,单击"确定"按钮 Command1 时,调用子宏 OK,单击"取消"按钮 Command2 时,调用子宏 Cancel。

图 1-29 "密码框"窗体

【操作提示】

1. 创建"打开商品表"宏。单击"创建"选项卡中的"宏"按钮,进入宏的设计视图→添加宏操作,设置操作的参数,如图 1-30 所示→保存并命名为"打开商品表"。

图 1-30 "打开商品表"宏

2. 创建"询问是否打开窗体"宏。单击"创建"选项卡中的"宏"按钮,进入宏的设计视图→添加宏操作,设置操作的参数,如图 1-31 所示→保存并命名为"询问是否打开窗体"。

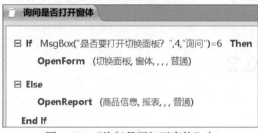

图1-31 "询问是否打开窗体"宏

3. 创建"密码校验"宏组的步骤：

(1) 先创建一个名为"密码框"的窗体。新建一个窗体→在设计视图里，添加一个带标签的文本框Text1，文本框的"输入掩码"设为"密码"→添加一个按钮Command1(标题是"确定")，一个按钮Command2(标题是"取消")→把"窗体"的"记录选择器"改为"否"，"导航按钮"改为"否"，"滚动条"改为"二者均无"，"弹出方式"改为"是"→调整控件布局，保存并命名为"密码框"。

(2) 创建宏组。单击"创建"选项卡中的"宏"按钮，进入宏的设计视图→添加宏操作，设置操作的参数，如图1-32所示→保存并命名为"密码校验"。

(3) 为窗体的按钮绑定宏。打开"密码框"窗体的设计视图→为按钮Command1的"单击"事件选择子宏"密码校验.OK"→为按钮Command2的"单击"事件选择子宏"密码校验.Cancel"。

图1-32 "密码校验"宏组

实验6-2 创建自动运行宏

【实验要求】

打开数据库"超市管理系统"，创建一个自动运行宏，作用是打开数据库时，首先调用宏

"询问是否打开窗体"。

【操作提示】

创建一个独立宏，命名为 AutoExec→进入宏的设计视图→添加宏操作，设置操作的参数，如图 1-33 所示。保存后把数据库关闭，重新打开，AutoExec 宏会首先被运行。

图 1-33 自动运行宏

实验 7 VBA 程序设计

【实验目的】

1. 掌握标准模块的创建方法，掌握在标准模块里创建过程的方法。

2. 掌握在窗体中创建事件过程的方法。

3. 掌握选择结构语句 If 语句和 Select Case 语句的使用。

4. 掌握循环结构语句 For 语句、While 语句和 Do 语句的使用。

5. 掌握过程的定义和调用方法，理解过程在调用时数据传递的方式。

实验 7-1 创建标准模块和过程

【实验要求】

打开数据库"超市管理系统"，按以下要求完成 VBA 程序的设计：

1. 创建一个名为"模块 1"的标准模块。

2. 在"模块 1"内，创建一个名为 Hello 的公共子过程，功能是弹出消息框，提示"欢迎使用超市管理系统！"。运行这个过程验证结果。

3. 在"模块 1"内，创建一个名为 Switchboard 的公共函数过程，功能是打开窗体"切换面板"。运行这个过程验证结果。

【操作提示】

1. 创建标准模块。单击"创建"选项卡中的"模块"按钮→弹出的窗口是该模块的 VBA 编程窗口→保存并命名。

2. 创建子过程。在"模块 1"内单击"插入"→选择"过程"→弹出"添加过程"对话框

→在对话框中选择类型"子过程"，范围"公共的"，命名为 Hello→单击"确定"按钮→在子过程内输入代码。

Hello 子过程代码是：

```
Public Sub Hello()
    MsgBox "欢迎使用超市管理系统！", , "提示"
End Sub
```

3. 创建函数过程。在"模块 1"内单击"插入"→选择"过程"→弹出"添加过程"对话框→在对话框中选择类型"函数"，范围"公共的"，命名为 Switchboard→单击"确定"按钮→在函数过程内输入代码。

Switchboard 函数过程代码是：

```
Public Function Switchboard()
    DoCmd.OpenForm "切换面板"
End Function
```

实验 7-2　创建窗体的事件过程

【实验要求】

打开数据库"超市管理系统"，创建一个名为"登录框"的窗体，如图 1-34 所示，在窗体里输入账号和密码后，单击"登录"按钮，会判断输入的账号和密码是否正确(正确账号是 Admin，密码是 1234)，如果正确就调用上一个实验创建的子过程 Hello，否则弹出消息框，提示"账号或密码错误，请重新输入！"。

图 1-34　"登录框"窗体

【操作提示】

1. 创建"登录框"窗体。单击"创建"选项→选择"窗体设计"按钮→保存命名为"登录框"→添加一个标签，标题为"请输入您的账号和密码"，设置字体格式为 14 号、加粗→添加一个带标签的文本框 Text1，标签的标题设为"账号："→再添加一个带标签的文本框 Text2，标签的标题设为"密码:"，把文本框 Text2 的"输入掩码"设为"密码"→添加一个按钮 Command1，标题设为"登录"→把"窗体"的"弹出方式"设为"是","记录选择器"设为"否","导航按钮"设为"否","滚动条"设为"两者均无","最大最小化按钮"设为"无"。

2. 为窗体的按钮 Command1 创建单击事件。步骤如下：

(1) 在窗体的设计视图里，打开属性表。

(2) 单击按钮 Command1 的"单击"事件旁边的 按钮，弹出"选择生成器"。

(3) 在"选择生成器"里选择"代码生成器"，单击"确定"按钮，就会打开 VBA 编辑器，并自动为"登录框"窗体生成一个类模块(名为"Form_登录框")。

(4) 在类模块中，Command1 的单击事件会自动生成，实现代码是：

```
Private Sub Command1_Click()
    If Text1.Value = "Admin" And Text2.Value = "1234" Then
        DoCmd.Close
        Call Hello
    Else
        MsgBox "账号或密码错误，请重新输入！"
    End If
End Sub
```

实验 7-3 使用选择结构

【实验要求】

打开数据库"超市管理系统"，创建一个名为"计算器"的窗体，如图 1-35 所示，在文本框 Text1 和 Text2 中输入数据，然后在组合框 Combo1 中选择运算符号，单击按钮 Command1，会使用 If 语句进行运算，运算结果显示在文本框 Text3 中；单击按钮 Command2，会使用 Select Case 语句进行运算，运算结果显示在文本框 Text4 中。

注意：当除数为 0 时，运算结果要显示"除数不能为 0"。

图 1-35 "计算器"窗体

按以下要求完成 VBA 程序的设计：

1. 使用 If 语句实现按钮 Command1 的单击事件过程。

2. 使用 Select Case 语句实现按钮 Command2 的单击事件过程。

【操作提示】

1. 创建"计算器"窗体。步骤参考实验 7-2。

2. 为窗体的按钮 Command1 和 Command2 创建单击事件。步骤参考实验 7-2。

3. 使用 If 语句实现 Command1 的单击事件过程代码如下：

```
Private Sub Command1_Click()
    Dim x, y As Single
    Dim k As Variant
    x = Val(Text1.Value)
    y = Val(Text2.Value)
    If Combo1.Value = "+" Then
        k = x + y
    ElseIf Combo1.Value = "-" Then
        k = x -y
    ElseIf Combo1.Value = "*" Then
        k = x * y
    ElseIf Combo1.Value = "/" Then
        If y = 0 Then
            k = "除数不能为 0"
        Else
            k = x / y
        End If
    End If
    Text3.Value = k
End Sub
```

4. 使用 Select Case 语句实现 Command2 的单击事件过程代码如下：

```
Private Sub Command2_Click()
    Dim x, y As Single
    Dim k As Variant
    x = Val(Text1.Value)
    y = Val(Text2.Value)
    Select Case Combo1.Value
        Case "+"
            k = x + y
        Case "-"
            k = x -y
        Case "*"
            k = x * y
        Case "/"
            If y = 0 Then
                k = "除数不能为 0"
```

```
                Else
                    k = x / y
                End If
        End Select
        Text4.Value = k
End Sub
```

实验 7-4　使用循环结构

【实验要求】

打开数据库"超市管理系统"，创建一个名为"奇数之和"的窗体，如图 1-36 所示，在文本框 Text0 中输入数据，单击按钮 Command1，会使用 For 语句进行运算，运算结果显示在文本框 Text1 中；单击按钮 Command2，会使用 While 语句进行运算，运算结果显示在文本框 Text2 中；单击按钮 Command3，会使用 Do 语句进行运算，运算结果显示在文本框 Text3 中。

"奇数之和"的含义是求 1 至整数 N 之间的所有奇数之和。例如输入整数 5，则求 1+3+5 的值。

图 1-36　"奇数之和"窗体

按以下要求完成 VBA 程序的设计：

1. 使用 For 语句实现按钮 Command1 的单击事件过程。
2. 使用 While 语句实现按钮 Command2 的单击事件过程。
3. 使用 Do 语句实现按钮 Command3 的单击事件过程。

【操作提示】

1. 创建"奇数之和"窗体。步骤参考实验 7-2。
2. 为窗体的按钮 Command1、Command2 和 Command3 创建单击事件。步骤参考实验 7-2。
3. 使用 For 语句实现 Command1 的单击事件过程代码如下：

```
Private Sub Command1_Click()
    Dim number, sum, i As Long
    number = Val(Text0.Value)
    sum = 0
    For i = 1 To number Step 1
```

```
If i Mod 2 = 1 Then
        sum = sum + i
    End If
Next i
Text1.Value = sum
End Sub
```

4. 使用 While 语句实现 Command2 的单击事件过程代码如下：

```
Private Sub Command2_Click()
    Dim number, sum, i As Long
    number = Val(Text0.Value)
    sum = 0
    i = 1
    While i <= number
        If i Mod 2 = 1 Then
            sum = sum + i
        End If
        i = i + 1
    Wend
    Text2.Value = sum
End Sub
```

5. 使用 Do 语句实现 Command3 的单击事件过程代码如下：

```
Private Sub Command3_Click()
    Dim number, sum, i As Long
    number = Val(Text0.Value)
    sum = 0
    i = 1
    Do While i <= number
        If i Mod 2 = 1 Then
            sum = sum + i
        End If
        i = i + 1
    Loop
    Text3.Value = sum
End Sub
```

实验 7-5   过程的定义和调用

【实验要求】

打开数据库"超市管理系统"，创建一个名为"求圆面积和周长"的窗体，如图 1-37 所示，在文本框 Text0 中输入半径数据，单击按钮 Command1，会调用子过程 Squre 计算圆面积，运算结果显示在文本框 Text1 中；单击按钮 Command2，会调用函数过程 Circum 计算圆周长，运算结果显示在文本框 Text2 中。

图 1-37　"求圆面积和周长"窗体

【操作提示】

1. 创建"求圆面积和周长"窗体。步骤参考实验 7-2。

2. 为窗体的按钮 Command1 和 Command2 创建单击事件。步骤参考实验 7-2。

3. 子过程 Squre 的代码如下：

```
Public Sub Squre(r As Single, s As Single)
    s = 3.14 * r * r
End Sub
```

4. 函数过程 Circum 的代码如下：

```
Public Function Circum(r As Single)
    Circum = 2 * 3.14 * r
End Function
```

5. 按钮 Command1 的单击事件过程代码如下：

```
Private Sub Command1_Click()
    Dim s As Single
    Dim r As Single
    r = Val(Text0.Value)
    Call Squre(r, s)
    Text1.Value = s
End Sub
```

6. 按钮 Command2 的单击事件过程代码如下：

```
Private Sub Command2_Click()
    Dim s As Single
    Dim r As Single
    r = Val(Text0.Value)
    s = Circum(r)
    Text2.Value = s
End Sub
```

实验 8　ADO 编程

【实验目的】

理解并掌握 Recordset 对象在 VBA 数据库中的编程方法。

实验 8-1　往数据表添加记录

【实验要求】

打开数据库"超市管理系统"，使用实验 4-3 中已经创建好的"添加新员工"窗体，为"添加信息"按钮的单击事件编写程序，实现功能：当单击"添加信息"按钮时，向当前数据库中的"员工"表添加一条新记录，添加成功与否都要做出提示。控件名称如图 1-38 所示，只需要把 Text1 至 Text4、Combo1 的值添加到表中对应字段。

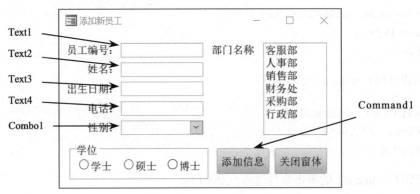

图 1-38　"添加新员工"窗体的控件名称

【操作提示】

1. 为窗体的按钮 Command1 创建单击事件。步骤参考实验 7-2。

2. 按钮 Command1 的单击事件过程代码如下：

```
Private Sub Command1_Click()
    Dim rs As ADODB.Recordset
    Dim strSQL As String
    Set rs = New ADODB.Recordset
    strSQL = "Select * From 员工  Where 员工编号='" & Text1.Value & "'"
    rs.Open strSQL, CurrentProject.Connection, 2, 2
    If rs.EOF Then
        rs.AddNew
        rs("员工编号") = Text1
        rs("姓名") = Text2
        rs("出生日期") = Text3
```

```
            rs("电话") = Text4
            rs("性别") = Combo1.Value
            rs.Update
            MsgBox "添加成功！"
        Else
            MsgBox "您输入的员工编号在表中已经存在，无法添加！"
        End If
        rs.Close
        Set rs = Nothing
    End Sub
```

实验 8-2　按指定条件获取记录集

【实验要求】

打开数据库"超市管理系统"，创建一个名为"查找部门员工"的窗体，如图 1-39 所示，功能是单击"查找"按钮，会根据 Text1 文本框中输入的部门名称，筛选出该部门的员工姓名，显示到 List1 列表框里，同时统计该部门人数，显示在 Text2 文本框里。

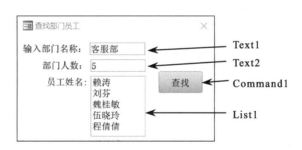

图 1-39　"查找部门员工"窗体

【操作提示】

1. 创建"查找部门员工"窗体。步骤参考实验 7-2。要注意把列表框 List1 的"行来源类型"设为"值列表"。

2. 为窗体的按钮 Command1 创建单击事件。步骤参考实验 7-2。

3. 按钮 Command1 的单击事件过程代码如下：

```
Private Sub Command1_Click()
    Dim num As Integer
    Dim rs As ADODB.Recordset
    Dim strSQL As String
    Set rs = New ADODB.Recordset
    strSQL = "Select 姓名 From 员工,部门 Where 员工.部门编号=部门.部门编号 And 部门名称=
" & Text1.Value & ""
```

```
        rs.Open strSQL, CurrentProject.Connection, 2, 2
        num = 0
        List1.RowSource = ""
        While Not rs.EOF
            num = num + 1
            List1.AddItem (rs("姓名"))
            rs.MoveNext
        Wend
        Text2.Value = num
        rs.Close
        Set rs = Nothing
End Sub
```

∞ 第二部分 ∞

习 题 集

习题1　选择题

1.1　数据库技术基础

1. 数据库(DB)、数据库系统(DBS)和数据库管理系统(DBMS)之间的关系是(　　)。

   A. DBS 包括 DB 和 DBMS

   B. DBS 就是 DB，也就是 DBMS

   C. DBMS 包括 DBS 和 DB

   D. 三者不存在关系

2. 数据库系统的核心是(　　)。

   A. 系统管理员

   B. 数据库

   C. 数据库管理系统

   D. 程序代码

3. 数据库中存储的是(　　)。

   A. 数据

   B. 数据模型

   C. 数据以及数据之间的关系

   D. 信息

4. (　　)是可用于描述、管理和维护数据库的软件系统。

   A. 数据库系统

B. 用户

C. 数据库管理系统

D. 数据

5. 关于数据库系统特点的描述中，错误的是(　　)。

  A. 可以实现数据共享

  B. 可以防止病毒

  C. 可以实施标准化

  D. 可以保证数据的完整性

6. 下列叙述正确的是(　　)。

  A. 数据系统是一个独立的系统，不需要操作系统的支持

  B. 数据库技术的根本目标是要解决数据的共享问题

  C. 数据库管理系统就是数据库系统

  D. 以上 3 种说法都不对

7. 下列关于数据库系统的叙述中，正确的是(　　)。

  A. 数据库系统避免了一切冗余

  B. 数据库系统减少了数据冗余

  C. 数据库系统中数据的一致性是指数据类型一致

  D. 数据库系统比文件系统能管理更多的数据

8. 在关系数据库中，描述全局数据逻辑结构的是(　　)。

  A. 用户模式

  B. 概念模式

  C. 内模式

  D. 物理模式

9. 在数据库系统的三级模式中，描述数据物理结构和存储方式的模式是(　　)。

  A. 外模式

  B. 概念模式

  C. 内模式

  D. 关系模式

10. 数据库系统三级模式结构中，(　　)是全体数据库数据的内部表示或底层描述，是真正存放在外存储器上的数据库。

  A. 外模式

  B. 概念模式

  C. 内模式

  D. 关系模式

11. 在数据库系统的三级模式结构中，用户看到的视图模式被称为( )。

    A. 外模式

    B. 概念模式

    C. 内模式

    D. 存储模式

12. E-R 图是一种重要的数据库设计工具，它适用于建立数据库的( )。

    A. 概念模型

    B. 数学模型

    C. 结构模型

    D. 物理模型

13. 在 E-R 图中，用( )框表示不同实体间的联系。

    A. 椭圆形

    B. 矩形

    C. 菱形

    D. 圆柱形

14. 在 E-R 图中，描述实体采用( )。

    A. 椭圆形

    B. 矩形

    C. 菱形

    D. 圆柱形

15. 将 E-R 图转换为关系模式时，实体和联系都可以表示为( )。

    A. 属性

    B. 键

    C. 关系

    D. 字段

16. 属性是概念世界中的术语，与之对应的数据世界中的术语是( )。

    A. 数据库

    B. 文件

    C. 字段

    D. 记录

17. 实体是概念世界中的术语，与之对应的数据世界中的术语是( )。

    A. 数据库

    B. 文件

    C. 字段

D. 记录

18. 实体集是概念世界中的术语，与之对应的数据世界中的术语是(　　)。

   A. 数据库

   B. 文件

   C. 字段

   D. 记录

19. 以下对关系模型性质的描述，错误的是(　　)。

   A. 一个关系中允许存在两个完全相同的属性

   B. 一个关系中不允许存在两个完全相同的元组

   C. 关系中各个属性是不可分解的

   D. 关系中的元组可以调换顺序

20. 下列对关系模型的性质描述正确的是(　　)。

   A. 关系中允许存在两个完全相同的记录

   B. 任意的一个二维表都是一个关系

   C. 关系中列的次序不可以任意交换

   D. 关系中元组的顺序无关紧要

21. 在关系模型中，主键(　　)。

   A. 只能由一个属性组成

   B. 可由一个或多个属性组成

   C. 只能由多个属性组成

   D. 至多由两个属性组成

22. 关系数据库中的数据表(　　)。

   A. 完全独立，相互没有关系

   B. 相互联系，不能单独存在

   C. 既相对独立，又相互联系

   D. 以数据表名来表现其相互间的联系

23. 在关系数据表中，能唯一标识一条记录的是(　　)。

   A. 字段

   B. 域

   C. 内模式

   D. 关键字

24. 根据给定的条件，从一个关系中选出一个或多个元组构成一个新关系，这种操作称为(　　)。

   A. 选择

B. 投影

C. 连接

D. 更新

25. 图书表中有"出版日期"等字段,找出出版年份为 2015 年的图书所有字段信息的关系运算是( )。

A. 连接

B. 投影

C. 备份

D. 选择

26. 从一个关系中选择某些特定的属性重新排列组成一个新关系,这种操作称为( )。

A. 连接

B. 投影

C. 交叉

D. 选择

27. 图书表中有"书名""作者"和"出版社"等字段,找出所有记录的书名和出版社信息的关系运算是( )。

A. 连接

B. 投影

C. 交叉

D. 选择

28. 有以下两个关系:

学生(学号,姓名,性别,出生日期,专业号)

专业(专业号,专业名称,专业负责人)

在这两个关系中,查询所有学生的"学号""姓名"和"专业名称"字段的关系运算是( )。

A. 选择和投影

B. 投影和连接

C. 选择和连接

D. 交叉和投影

29. ( )不是关系模型的完整性规则。

A. 字段完整性

B. 实体完整性

C. 参照完整性

D. 用户自定义完整性

30. (　　　)规定关系中所有元组的主键属性不能取空值。

    A. 引用完整性

    B. 实体完整性

    C. 参照完整性

    D. 用户自定义完整性

31. 为了合理的组织数据,应遵循的设计原则是(　　　)。

    A. 一个表描述一个实体或实体间的一种联系

    B. 表中的字段必须是原始数据和基本数据元素,并避免在表中出现重复字段

    C. 用外部关键字保证有关联的表之间的关系

    D. 以上所有选项

32. 数据库应用系统设计过程不包括(　　　)阶段。

    A. 逻辑设计

    B. 界面设计

    C. 概念设计

    D. 需求分析

33. 在整个数据库应用系统设计过程中,首先进行的步骤是(　　　)。

    A. 概念数据库设计

    B. 关系的规范化

    C. 数据库系统需求分析

    D. 逻辑数据库设计

34. 在数据库应用系统的需求分析阶段中,主要任务是确定该系统的(　　　)。

    A. 系统功能

    B. 数据库结构

    C. 开发费用

    D. 开发工具

35. 开发数据库应用系统,根据用户需求设计 E-R 模型属于(　　　)。

    A. 关系规范化

    B. 概念设计

    C. 逻辑设计

    D. 需求分析

36. 在数据库应用系统开发的(　　　)阶段中,需要设计全局 E-R 图。

    A. 需求分析

    B. 概念结构设计

    C. 逻辑结构设计

D. 物理结构设计

37. 在数据库应用系统开发过程中，(　　)的主要任务是将 E-R 模式转化为关系数据库模式。

　　A. 数据库系统需求分析

　　B. 概念数据库设计

　　C. 关系的规范化

　　D. 逻辑数据库设计

1.2　数据库和表

1. (　　)不是 Access 数据库基本对象。

　　A. 表

　　B. 查询

　　C. 报表

　　D. 事件过程

2. Access 数据库中，实际存储数据的对象是(　　)。

　　A. 表

　　B. 宏

　　C. 报表

　　D. 模块

3. Access 数据库的类型是(　　)。

　　A. 层次数据库

　　B. 关系数据库

　　C. 网状数据库

　　D. 面向对象数据库

4. (　　)位于 Access 窗口底部，可查看视图模式、属性提示和进度信息。

　　A. 功能区

　　B. Backstage 视图

　　C. 导航窗格

　　D. 状态栏

5. 在 Access 中，表和数据库的关系是(　　)。

　　A. 一个数据库可以包含多个表

　　B. 一个表可以包含多个数据库

　　C. 一个数据库只能包含一个表

　　D. 一个表只能包含一个数据库

6. Access 数据表的基本组成包括(　　)。

    A. 字段和属性

    B. 查询和属性

    C. 字段和记录

    D. 查询和记录

7. 在 Access 数据库的表设计视图中，不可执行的是修改(　　)。

    A. 字段名

    B. 记录

    C. 数据类型

    D. 字段大小

8. (　　)是错误的字段名。

    A. 成绩!

    B. 成绩1

    C. 成绩

    D. 成绩A

9. 错误的字段名是(　　)。

    A. 通信地址

    B. 通信地址～1

    C. 通信地址[2]

    D. 1 通信地址

10. Access 数据库的数据表设计中，提供的数据类型中不包括(　　)。

    A. 短文本

    B. 数字

    C. 长文本

    D. 图片

11. 图书表中"作者简介"字段需存储大量文本，采用(　　)数据类型比较合适。

    A. 是/否

    B. 超链接

    C. 数字

    D. 长文本

12. 在 Access 数据库表中，需要插入图片的字段，字段类型应定义为(　　)。

    A. 短文本

    B. 图片

    C. 长文本

D. OLE 对象

13. 如果某字段需要存储音频，则该字段应定义为( )类型。

   A. 短文本

   B. 查阅向导

   C. 长文本

   D. OLE 对象

14. 如果某字段需要存储视频，则该字段应定义为( )类型。

   A. 短文本

   B. 查阅向导

   C. 长文本

   D. OLE 对象

15. 表中要添加 Internet 站点的网址，字段应采用的数据类型是( )。

   A. OLE 对象

   B. 超链接

   C. 查阅向导

   D. 自动编号

16. 某数据表含有"成绩"字段(短文本型)，有4条记录的"成绩"内容分别为：85、98、119、125，按"成绩"降序排列后为( )。

   A. 85、98、119、125

   B. 119、125、85、98

   C. 125、119、98、85

   D. 98、85、125、119

17. 某数据表含有"名称"字段(短文本型)，有4条记录的"名称"内容分别为：数据库管理、等级考试、Access、Excel，按"名称"降序排列后为( )。

   A. 数据库管理、等级考试、Access、Excel

   B. Excel、Access、数据库管理、等级考试

   C. Access、Excel、数据库管理、等级考试

   D. 数据库管理、等级考试、Excel、Access

18. 在 Access 数据库的表设计视图中，字段大小固定不变的数据类型是( )。

   A. 双精度

   B. 日期/时间

   C. 短文本

   D. 整型

19. 在 Access 数据库的表设计视图中，可由用户定义字段大小的数据类型是(　　)。

    A. 是/否

    B. 日期/时间

    C. 短文本

    D. 长文本

20. 设置字段默认值的意义是(　　)。

    A. 使字段值不为空

    B. 在未输入字段值之前，系统将默认值赋予该字段

    C. 不允许字段值超出某个范围

    D. 保证字段值符合范式要求

21. 在定义表中字段属性时，要求输入相对固定格式的数据，如电话号码 0591-87654321，应该定义该字段的(　　)。

    A. 格式

    B. 默认值

    C. 输入掩码

    D. 验证规则

22. 若表中某字段的输入掩码是 LL00，则对应的正确输入数据是(　　)。

    A. 1234

    B. 12AB

    C. AB12

    D. ABCD

23. 若某表中电话号码字段是由 7 个数字组成的字符串，为电话号码字段设置输入掩码，正确的是(　　)。

    A. 0000000

    B. 9999999

    C. CCCCCCC

    D. LLLLLLL

24. 在表中字段的属性中，(　　)用于设置用户输入数据必须满足的逻辑表达式。

    A. 验证规则

    B. 验证文本

    C. 格式

    D. 输入掩码

25. 限制图书表"单价"字段值只能输入 0 到 1000 之间的数值，应设置该字段的(　　)。

    A. 验证规则

B. 默认值

C. 输入掩码

D. 验证文本

26. 图书表中"出版日期"字段为日期/时间型，限制其只能输入 2016 年 10 月 31 日及之前的出版日期，正确的验证规则是( )。

    A. <=2016-10-31

    B. <="2016-10-31"

    C. <=#2016-10-31#

    D. <={2016-10-31}

27. 在表设计视图中，为了限制"婚姻"(短文本型)字段只能输入"已婚"或"未婚"，该字段的验证规则是( )。

    A. ="已婚" or "未婚"

    B. Between "已婚" Or "未婚"

    C. [婚姻]="已婚" And [婚姻]="未婚"

    D. "已婚" And "未婚"

28. 关于 Access 字段属性的叙述中，正确的是( )。

    A. 验证规则是对字段内容的文本注释

    B. 可以对任意类型的字段设置默认值

    C. 验证文本用于不满足验证规则时的信息提示

    D. 可以对任意类型的字段更改其大小

29. 在 Access 中，为了使字段的值不出现重复以便索引，可将该字段定义为( )。

    A. 索引

    B. 主键

    C. 必填字段

    D. 验证文本

30. 在学生表中有姓名、学号、性别、班级等字段，其中适合作为主关键字的是( )。

    A. 姓名

    B. 学号

    C. 性别

    D. 班级

31. 在"销售"表中有字段：单价、数量、折扣和金额。其中，金额=单价×数量×折扣，在建表时应将字段"金额"的数据类型定义为( )。

    A. 短文本

    B. 计算

C. 货币

D. 数字

32. 有以下两个关系：

学生(学号，姓名，性别，出生日期，专业号)

专业(专业号，专业名称，专业负责人)

在这两个关系中，学号和专业号分别是学生关系和专业关系的主键，则外键是(　　)。

　　A. 学生关系的"学号"

　　B. 学生关系的"专业号"

　　C. 专业关系的"专业号"

　　D. 专业关系的"专业名称"

33. 在含有"姓名"(短文本型)字段的 Access 数据表中，想要直接显示姓"李"的记录的操作是(　　)。

　　A. 排序

　　B. 隐藏

　　C. 筛选

　　D. 冻结

34. Access 数据库的数据表，不可以导出到(　　)文件中。

　　A. Mdb

　　B. Excel

　　C. Jpg

　　D. Html

35. Access 数据库可以导入和链接的数据源不包括(　　)。

　　A. ODBC 数据库

　　B. Excel 表

　　C. Text 文本

　　D. Word 文件

36. 下列关于 Access 数据库表的叙述中，正确的是(　　)。

　　A. Access 数据表中必须建立主键

　　B. Access 数据表不能从外部导入数据

　　C. Access 数据表自动编号字段为系统保留不可删除

　　D. Access 数据表中同一列数据必须来自同一值域

37. 以下关于 Access 2016 外部数据导入的叙述中，错误的是(　　)。

　　A. 可将 Excel 文件、XML 文件导入当前数据库

　　B. 可将 SharePoint 网站源数据导入当前数据库

C. 可将另一个 Access 数据库中的查询有选择地导入到当前数据库

D. 可将另一个 Access 数据库中的表全部导入到当前数据库,但是表间的关系不能导入

38. 在 Access 数据库中,参照完整性规则不包括(　　)。

A. 更新规则

B. 删除规则

C. 修改规则

D. 生成表规则

39. Access 数据库中,为了保持表之间的关系,要求在主表中删除相关记录时,子表相关记录随之删除,为此需要定义参照完整性的(　　)。

A. 级联更新相关字段

B. 级联追加相关字段

C. 级联删除相关字段

D. 级联更改相关字段

40. 实施参照完整性后,可以实现的关系约束是(　　)。

A. 不能在子表的相关字段中输入不存在于主表主键中的值

B. 如果在相关表中存在匹配的记录,则不能从主表中删除这个记录

C. 如果相关记录存在于子表中,则不能在主表中更改相应的主键值

D. 任何情况下都不允许修改主表中主键的值

41. (　　)反映了"主键"与"外键"之间的引用规则。

A. 关系

B. 实体完整性

C. 参照完整性

D. 用户自定义完整性

42. 以下关于 Access 数据库中创建表间关系的叙述中,错误的是(　　)。

A. 两表之间可以建立一对一关系

B. 两表之间可以建立一对多关系

C. 两表之间可以建立多对多关系

D. 两表之间可以实施参照完整性

43. 要在一个数据库中的 A 表和 B 表之间建立关系,错误的叙述是(　　)。

A. 可以通过第三张表间接建立 A 表和 B 表之间的关系

B. 用于建立关系的字段的字段名必须相同

C. 建立表之间的关系必须是一对一或一对多的关系

D. A 表与 B 表可以建立关系,A 表与 A 表也可以建立关系

44. 在 Access 数据库的"关系"窗口中，当两个表之间显示 1_____∞ 的线条，表示两表之间存在着(　　)关系。

A. 一对一

B. 一对多

C. 多对多

D. 索引

45. 一支球队由一位教练和若干球员组成，则教练与球员是(　　)的联系。

A. 1:1

B. 1:n

C. n:m

D. m:n

46. 每一条公交线路有很多辆公共汽车，而每一辆公共汽车属于某一条公交线路。公交线路和公共汽车之间的联系应该设计为(　　)。

A. 一对一联系

B. 多对多联系

C. 多对一联系

D. 一对多联系

47. 某宾馆有单人间和双人间两种客房，每位入住客人都要依规进行登记。为反映客人入住客房的情况，以此构成数据库中客房信息表与客人信息表之间的联系应设计为(　　)。

A. 一对一联系

B. 多对多联系

C. 一对多联系

D. 无联系

48. 下列实体的联系中，属于多对多关系的是(　　)。

A. 学校和校长

B. 学生与教师

C. 住院的病人与病床

D. 职工与工资

49. 一个学生可以选修多门课程，而一门课程也可以有多个学生选修。为了反映学生选修课程的情况，学生表和课程表之间的联系应该设计为(　　)。

A. 一对一联系

B. 多对多联系

C. 多对一联系

D. 一对多联系

50. 数据库中有 A、B 两表，均有相同字段 C，在两表中 C 字段都设为主键，当通过 C 字段建立两表关系时，则该关系为(   )。

    A. 一对一

    B. 多对多

    C. 多对一

    D. 一对多

51. 关系数据规范化是为了解决关系数据中(   )问题而引入的。

    A. 插入、删除异常和数据冗余

    B. 提高查询速度

    C. 减少数据操作的复杂性

    D. 保证数据的安全性和完整性

1.3 查询

1. 在 Access 数据库中，查询的数据源可以是(   )。

    A. 表

    B. 查询

    C. 表和查询

    D. 表、查询和报表

2. 以下关于 Access 查询的叙述中，正确的是(   )。

    A. 查询得到的记录集以数据表的形式展示

    B. SQL 是高度过程化查询语言

    C. 使用设计视图创建查询时，Access 无法自动生成对应的 SQL 语句

    D. 查询不能生成新的数据表

3. 以下不属于操作查询的是(   )。

    A. 删除查询

    B. 更新查询

    C. 参数查询

    D. 生成表查询

4. 在 Access 数据库中，要修改表中一些数据，应该使用(   )。

    A. 交叉表查询

    B. 更新查询

    C. 选择查询

    D. 生成表查询

5. 若要修改学生的籍贯，可使用( )。

    A. 选择查询

    B. 更新查询

    C. 追加查询

    D. 参数查询

6. 若将图书表中所有图书的单价(数字型)增加3，应该使用( )。

    A. 删除查询

    B. 更新查询

    C. 追加查询

    D. 生成表查询

7. 若要将某商店的下半年销售表添加到上半年销售表中形成全年销售表，可使用( )。

    A. 更新查询

    B. 生成表查询

    C. 追加查询

    D. 选择查询

8. 将 Stu 表的记录添加到 NewStu 表中，可以使用的查询是( )。

    A. 更新查询

    B. 生成表查询

    C. 追加查询

    D. 选择查询

9. 将表 A 的记录添加到表 B 中，要求保持表 B 中原有的记录，可以使用的查询是( )。

    A. 更新查询

    B. 生成表查询

    C. 追加查询

    D. 选择查询

10. 将图书表中所有单价高于 100 的记录放在一个新表中，可使用( )。

    A. 更新查询

    B. 生成表查询

    C. 追加查询

    D. 删除查询

11. 在含有"学期"字段的课程表中，将第 1 学期和第 2 学期的记录放在一个新表中，比较合适的查询是( )。

    A. 更新查询

    B. 生成表查询

C. 追加查询

D. 选择查询

12. 通过向导方式建立交叉表查询的数据源来自于( )表或查询。

    A. 1 个

    B. 2 个

    C. 3 个

    D. 任意个

13. "商品表"中有"商品名称""商品数量""商品类别"和"产地"等字段,若要统计各个产地生产的各类商品的总数量,应选用的查询方式是( )。

    A. 更新查询

    B. 交叉表查询

    C. 追加查询

    D. 参数查询

14. 运行时根据输入的查询条件,从一个或多个表中获取数据并显示结果的查询称为( )。

    A. 选择查询

    B. 参数查询

    C. 投影查询

    D. 交叉查询

15. 以"员工"表为数据源,查询设计视图如图 2-1 所示,可判断要创建的查询是( )。

字段:	籍贯
表:	员工
更新到:	"福建福州"
条件:	Like "福州"
或:	

图 2-1 "员工"表查询设计视图

    A. 删除查询

    B. 更新查询

    C. 参数查询

    D. 生成表查询

16. 以"商品"表为数据源,查询设计视图如图 2-2 所示,可判断要创建的查询是( )。

字段:	商品编号	商品名称	库存	∨
表:	商品	商品	商品	
排序:				
追加到:	商品编号	商品名称	库存	
条件:			<10	
或:				

图 2-2 "商品"表查询设计视图

A. 删除查询

B. 追加查询

C. 更新查询

D. 生成表查询

17. 以"员工"表为数据源，查询设计视图如图 2-3 所示，查询结果显示的是( )。

图 2-3 "员工"表数据源

A. 按性别分组显示所有员工的性别记录

B. 按性别分组只显示所有男性员工记录

C. 按性别分组只显示所有女性员工记录

D. 按性别分组只显示"男"与"女"两条记录

18. 下列关于查询设计视图的条件叙述中，正确的是( )。

A. 若条件行中有多个条件，则是逻辑"或"关系

B. 文本型数据的两端要加上中文的引号字符

C. 字段名称的两端要加上[ ]

D. 日期/时间型数据的两端不需加任何字符

19. 图书表中有"出版日期"(日期/时间型)等字段，查询每年 12 月出版的图书记录，应在查询设计视图的"出版日期"字段的条件行键入( )。

A. Year([出版日期])=12

B. Month([出版日期])=12

C. 12

D. Date([出版日期])=12

20. 在"食品"表中有"生产日期"等字段，查询 2014 年生产的食品记录的条件是( )。

A. Year([生产日期])=2014

B. Month([生产日期])="2014"

C. 2014

D. Date([生产日期])=2014

21. 在 Access 中，与 like 一起使用时，代表任一数字的是(　　)。

　　A. *

　　B. ?

　　C. #

　　D. $

22. 图书表中有"作者"(短文本型)等字段，查询除"赵"姓作者外的记录，应在查询设计视图的"作者"字段的条件行键入(　　)。

　　A. Not Like "赵*"

　　B. Not "赵"

　　C. Not Like "赵"

　　D. Like "赵*"

23. 图书表中有"作者"(短文本型)等字段，在查询设计视图中设置查询"作者"字段为空的条件是(　　)。

　　A. *

　　B. Is Null

　　C. 0

　　D. " "

24. 设置查询学生表中"姓名"字段不为空的条件是(　　)。

　　A. *

　　B. Is Not Null

　　C. ?

　　D. " "

25. 创建查询时，学生表中"姓名"字段的条件设为 Is Null，运行该查询后，显示的是(　　)。

　　A. 姓名字段中包含空格的记录

　　B. 姓名字段为空的记录

　　C. 姓名字段中不包含空格的记录

　　D. 姓名字段不为空的记录

26. 与条件表达式"价格 Not Between 200 And 300"等价的表达式是(　　)。

　　A. 价格 Not In (200,300)

　　B. 价格>=200 And 价格<=300

　　C. 价格<200 And 价格>300

　　D. 价格<200 Or 价格>300

27. 在查询中使用的 Sum、Avg 函数适用于(   )数据类型。

    A. 字符型

    B. 数字型

    C. 是/否型

    D. 日期时间型

28. 在 Access 中，可用于查询条件的运算符是(   )。

    A. 关系运算符

    B. 逻辑运算符

    C. 特殊运算符

    D. 关系运算符、逻辑运算符、特殊运算符

29. 设"工资"表中包括"职工号""所在单位""基本工资"和"应发工资"等字段，若要按各单位统计应发工资总数，那么在查询设计视图的"所在单位"和"应发工资"字段的"总计"行中应分别选择(   )。

    A. 总计，分组

    B. 分组，总计

    C. 计数，分组

    D. 分组，计数

1.4　结构化查询语言(SQL)

1. 在 SELECT 语句中，用于计算最小值的函数是(   )。

    A. Mini()

    B. Min()

    C. Avg()

    D. Max()

2. 在 SELECT 语句中，用于统计个数的函数是(   )。

    A. Number()

    B. Count()

    C. Avg()

    D. Min()

3. 在 SELECT 语句中，用于求和的函数是(   )。

    A. Sun ()

    B. Sum ()

    C. Avg()

D. Suma ()

4. 在 SELECT 语句中，对查询结果分组的子句是(　　)。

    A. FROM

    B. WHILE

    C. ORDER BY

    D. GROUP BY

5. 在 SELECT 语句中，(　　)子句的功能是对查询结果排序。

    A. FROM

    B. ORDER BY

    C. WHILE

    D. GROUP BY

6. 要输出表的全部字段，可以在 SELECT 语句中用(　　)指定。

    A. ALL

    B. EVERY

    C. #

    D. *

7. 在 SQL 的 SELECT 命令中，(　　)可实现选择运算。

    A. SELECT

    B. FROM

    C. WHERE

    D. ORDER BY

8. 在 SQL 的 SELECT 命令中，(　　)可实现投影运算。

    A. WHERE

    B. SELECT

    C. GROUP BY

    D. ORDER BY

9. 设学生表中有姓名和生源等字段，若要统计生源来自"河南"的学生数量，正确的 SQL 语句是(　　)。

    A. SELECT DISTINCT 生源 FROM 学生 WHERE 生源="河南"

    B. SELECT Sum("河南") FROM 学生 GROUP BY 生源

    C. SELECT TOP(姓名) FROM 学生 WHERE 生源 Like "河南"

    D. SELECT Count(*) FROM 学生 WHERE 生源="河南"

10. 设员工表中有部门(短文本型)等字段，查询销售部和工程部的员工信息，正确的 SQL 语句是(　　)。

    A. SELECT * FROM 员工 WHERE 部门="销售部" And 部门="工程部"

    B. SELECT * FROM 员工 WHERE 部门="销售部" Or 部门="工程部"

    C. SELECT * FROM 员工 WHERE 部门 Like "销售部" Or "工程部"

    D. SELECT * FROM 员工 WHERE 部门 Between "销售部" And "工程部"

11. 设在教师表中有"姓名"(短文本型)、"性别"(短文本型)和"专业"(短文本型)等三个字段，查询 "计算机"和"数学"专业的男教师信息，正确的是(　　)。

    A. SELECT 姓名,性别,专业 FROM 教师 WHERE 性别="男" And 专业 In("计算机","数学")

    B. SELECT 姓名,性别,专业 FROM 教师 WHERE 性别="男" And 专业 In("计算机" Or "数学")

    C. SELECT 姓名,性别,专业 FROM 教师 WHERE 性别="男" And 专业="计算机" Or 专业="数学"

    D. SELECT 姓名,性别,专业 FROM 教师 WHERE 性别="男" And 专业="计算机" And 专业="数学"

12. 在"课程"表中，有"课程编号"(短文本型)和"学期" (数字型)等字段，要查询第 1 学期或第 2 学期的记录，错误的 SQL 语句是(　　)。

    A. SELECT * FROM 课程 WHERE 学期=1 Or 学期=2

    B. SELECT * FROM 课程 WHERE 学期=1 And 学期=2

    C. SELECT * FROM 课程 WHERE 学期 in (1,2)

    D. SELECT * FROM 课程 WHERE 学期 Between 1 And 2

13. 下列 SQL 语句中，(　　)无法实现查询职工表中工资字段(数字型)值在1000～1500 元之间(含 1000 和 1500)的职工人数。

    A. SELECT Count(*) FROM 职工 WHERE 工资>=1000 Or 工资<=1500

    B. SELECT Count(*) FROM 职工 WHERE 工资>=1000 And 工资<=1500

    C. SELECT Count(*) FROM 职工 WHERE Not ((工资<1000) Or (工资>1500))

    D. SELECT Count(*) FROM 职工 WHERE 工资 Between 1000 And 1500

14. 设图书单价是表 tBook 中的一个字段,若要查询图书单价为26～38 元之间(含 26 和 38)的记录，正确的 SQL 语句是(　　)。

    A. SELECT * FROM tBook WHERE 图书单价>=26 And <=38

    B. SELECT * FROM tBook WHERE 图书单价 Between (26-38)

    C. SELECT * FROM tBook WHERE 图书单价>=26 And 图书单价<=38

    D. SELECT * FROM tBook WHERE 图书单价>=26 Or 图书单价<=38

15. 图书表中有"单价"(数字型)等字段，查询单价为 30 元和 50 元的记录，正确的 SQL 语句是(   )。

    A. SELECT * FROM 图书 WHERE 单价=30 And 单价=50

    B. SELECT * FROM 图书 WHERE 单价 In (30,50)

    C. SELECT * FROM 图书 WHERE 单价>=30 And 单价<=50

    D. SELECT * FROM 图书 WHERE 单价 Between 30 And 50

16. 若要查找短文本型字段"设备"中包含字符串 GLASS 的记录，则正确的 WHERE 子句是(   )。

    A. WHERE 设备 Like "*GLASS" And 设备 Like "GLASS*"

    B. WHERE 设备 = "*GLASS*"

    C. WHERE 设备 Like "*GLASS" Or Like "GLASS*"

    D. WHERE 设备 Like "*GLASS*"

17. 图书表中有"姓名"(短文本型)等字段，查询作者姓名中含有"林"字的图书信息，正确的 SQL 命令是(   )。

    A. SELECT * FROM 图书 WHERE 姓名 Like "*林*"

    B. SELECT * FROM 图书 WHERE 姓名 Like "林*"

    C. SELECT * FROM 图书 WHERE 姓名="*林*"

    D. SELECT * FROM 图书 WHERE 姓名="*林"

18. 若数据表 Book 中有书号(短文本型)、书名(短文本型)和单价(数字型)等字段，要查询单价在 50 及以上的书籍信息，并按单价由高到低排列，正确的 SQL 命令是(   )。

    A. SELECT * FROM Book

       WHERE 单价>=50

       ORDER BY 单价 DESC

    B. SELECT * FROM Book

       WHERE 单价>=50

       ORDER BY 单价 ASC

    C. SELECT * FROM Book

       WHERE 单价<=50

       ORDER BY 单价 DESC

    D. SELECT * FROM Book

       WHERE 单价<=50

       ORDER BY 单价

19. 设员工表中有工资(数字型)等字段,查询工资在[3500,5000]的员工信息,并按降序排列,正确的SQL命令是(　　)。

A. SELECT * FROM 员工
WHERE 工资>= 3500 And 工资<= 5000
ORDER BY 工资 DESC

B. SELECT * FROM 员工
WHERE 工资>= 3500 And 工资>= 5000
ORDER BY 工资

C. SELECT * FROM 员工
WHERE 工资 Between 3500 And 5000
GROUP BY 工资

D. SELECT * FROM 员工
WHERE 工资 Between 3500 And 5000
GROUP BY 工资 ASC

20. 图书表中有"单价"(数字型)等字段,查询所有图书信息并按单价升序排列,正确的SQL命令是(　　)。

A. SELECT * FROM 图书 ORDER BY 单价

B. SELECT * FROM 图书 ORDER BY 单价 DESC

C. SELECT * FROM 图书 GROUP BY 单价

D. SELECT * FROM 图书 GROUP BY 单价 ASC

21. 以下关于SQL语句的叙述中,错误的是(　　)。

A. SQL是"选择查询语言"的英文缩写

B. SQL语句体现出高度非过程化特点,提高数据独立性

C. SQL语句集数据定义、操控和控制语言为一体

D. SQL语句可实现面向集合操作

22. 图书表中有"书号"(短文本型,主键)、"出版社"(短文本型)等字段,统计各出版社的图书种类数量,正确的SQL语句是(　　)。

A. SELECT 出版社, Count(书号) As 图书种类数量 FROM 图书 GROUP BY 出版社

B. SELECT 出版社, Count(出版社) As 图书种类数量 FROM 图书 GROUP BY 书号

C. SELECT 出版社, 图书种类数量 FROM 图书 GROUP BY 书号

D. SELECT 出版社, 图书种类数量 FROM 图书 GROUP BY 出版社

23. 图书表中有"单价"(数字型)、"出版社"(短文本型)等字段,统计各出版社图书的平均单价,正确的SQL语句是(　　)。

A. SELECT 出版社, Avg(单价) FROM 图书 GROUP BY 出版社

B. SELECT 出版社,Avg(单价) FROM 图书 GROUP BY 单价

C. SELECT 出版社,Average(单价) FROM 图书 GROUP BY 出版社

D. SELECT 出版社,Average(单价) FROM 图书 GROUP BY 单价

24. 设在学生表中有"学号"(短文本型)、"姓名"(短文本型)、"性别"(短文本型)和"身高"(数字型)等字段,执行"SELECT 性别,Avg(身高) FROM 学生 GROUP BY 性别"语句后( )。

    A. 显示所有学生的性别和身高的平均值

    B. 按性别分组计算并显示性别和身高的平均值

    C. 计算并显示所有学生的身高的平均值

    D. 按性别分组计算并显示所有学生的学号和身高的平均值

25. 假如借阅表有"借阅编号""学号"和"借阅图书编号"等字段,每名学生每借阅一本书生成一条记录,要按学号统计出每名学生的借阅次数,可使用( )。

    A. SELECT 学号,Count(学号) FROM 借阅

    B. SELECT 学号,Count(学号) FROM 借阅 GROUP BY 学号

    C. SELECT 学号,Sum(学号) FROM 借阅

    D. SELECT 学号,Sum(学号) FROM 借阅 GROUP BY 学号

26. 设成绩表中有学号、课程号、总评分、卷面分和平时分等五个字段,后三个为数字型字段。课程 P002 的总评分=卷面分*70%+平时分*30%,则计算课程 P002 的总评分正确的语句是( )。

    A. UPDATE 成绩 SET 总成绩 = 卷面分*70%+平时分*30%
       WHERE 课程号 = "P002"

    B. UPDATE 成绩 SET 总成绩 = 卷面分*70%+平时分*30%
       WHERE 课程号 = P002

    C. UPDATE 成绩 SET 总成绩 = 卷面分*0.7+平时分*0.3
       WHERE 课程号 = "P002"

    D. UPDATE 成绩 SET 总成绩 = 卷面分*0.7+平时分*0.3
       WHERE 课程号 = P002

27. 设学生表中有学号和生源等字段,将所有学号为 S32 打头的学生的生源改为"重庆",正确的 SQL 语句是( )。

    A. UPDATE 学号="*S32*" SET 生源="重庆"

    B. UPDATE 学生 SET 生源="重庆" WHERE 学号 Like "S32%"

    C. UPDATE 学生 SET 生源="重庆" WHERE 学号 Like "S32*"

    D. UPDATE FROM 学生 WHERE 学号="%S32%" SET 生源="重庆"

28. 图书表中有"类别"(短文本型)和"售价"(数字型)等字段，将类别为"科技"的图书售价提高 15%，正确的 SQL 语句是(   )。

    A. UPDATE 类别="科技" SET 售价=售价*(1+0.15)

    B. UPDATE 售价=售价*(1+0.15) FROM 类别="科技"

    C. UPDATE 图书 SET 售价=售价*(1+0.15) WHERE 类别="科技"

    D. UPDATE FROM 图书 SET 售价=售价*(1+0.15) WHERE 类别="科技"

29. 设在成绩表中有 "学号"(短文本型)、"成绩"(数字型)等字段，将学号为 S01001 的学生的成绩加 10 分，正确的 SQL 语句是(   )。

    A. UPDATE 学号="S01001" SET 成绩=成绩+10

    B. UPDATE 成绩+10 WHERE 学号="S01001"

    C. UPDATE 成绩 SET 成绩=成绩+10 WHERE 学号="S01001"

    D. UPDATE 成绩 WHERE 学号="S01001" SET 成绩=成绩+10

30. 设图书表中有书名字段，若要删除书名中含有"污染"或"毒害"词语的记录，正确的语句是(   )。

    A. DELETE FROM 图书 WHERE 书名 = "污染" AND "毒害"

    B. DELETE FROM 图书 WHERE 书名 Like "%污染*" OR "*毒害%"

    C. DELETE FROM 图书 WHERE 书名 Like "*污染*" AND "*毒害*"

    D. DELETE FROM 图书 WHERE 书名 Like "*污染*" OR "*毒害*"

31. 设成绩表中有分数字段(数字型)，删除零分记录，正确的 SQL 语句是(   )。

    A. DELETE 分数 = 0

    B. DELETE FROM 成绩 WHERE 分数 = 0

    C. DELETE 分数 = 0 FROM 成绩

    D. DELETE FROM 成绩 WHERE 分数 = "0"

32. 设员工表中有考勤(数字型)等字段，删除考勤值为-1 的所有记录，正确的 SQL 语句是(   )。

    A. DELETE 考勤 = -1

    B. DELETE FROM 员工 WHERE 考勤 = -1

    C. DELETE 考勤 = -1 FROM 员工

    D. DELETE FROM 员工 SET 考勤 = -1

33. 设员工表中有考勤(短文本型)等字段，删除考勤值为-1 的所有记录，正确的 SQL 语句是(   )。

    A. DELETE 考勤 = -1

    B. DELETE 考勤 = "-1"

C. DELETE FROM 员工 WHERE 考勤 = -1

D. DELETE FROM 员工 WHERE 考勤 = "-1"

34. 设"教师"表中有"年龄"字段(数字型)等,要删除 60 岁以上的教师记录,正确的 SQL 语句是(   )。

    A. DELETE 年龄>60

    B. DELETE 年龄>60 FROM 教师

    C. DELETE FROM 教师 WHERE 年龄>60

    D. DELETE FROM 教师 WHERE 年龄>60 岁

35. 在"食品"表中有 "生产日期"等字段,删除生产日期为 2014 年 7 月 1 日之前的记录,正确的 SQL 语句是(   )。

    A. DELETE 生产日期<#7/1/2014#

    B. DELETE FROM 生产日期<#7/1/2014#

    C. DELETE 生产日期<#7/1/2014# FROM 食品

    D. DELETE FROM 食品 WHERE 生产日期<#7/1/2014#

36. 数据库中有一个名为"学生"的数据表,执行"DELETE * FROM 学生"后,(   )。

    A. 数据库中还存在"学生"表,且该表中存在记录

    B. 数据库中还存在"学生"表,且该表中无记录

    C. 数据库中的"学生"表已被删除

    D. 数据库已被删除

37. 设图书表中有书号、书名和定价(数字型)这三个字段,若向图书表中插入新的记录,错误的语句是(   )。

    A. INSERT INTO 图书 VALUES("B07001","Access 数据库应用技术",32)

    B. INSERT INTO 图书(书号,书名) VALUES("B07001","Access 数据库应用技术")

    C. INSERT INTO 图书(书号,书名,定价) VALUES("B07001",32)

    D. INSERT INTO 图书(书号,书名,定价) VALUES("B07001","Access 数据库应用技术",32)

38. "教师"表有"编号"(短文本型)、"职称"(短文本型)和"年龄"(数字型)三个字段,要向该表插入一条新记录,正确的 SQL 语句是(   )。

    A. INSERT INTO 教师 VALUES("T01",教授,50)

    B. INSERT INTO 教师(编号) VALUES("T01","教授")

    C. INSERT INTO 教师(编号,职称) VALUES("T01","教授",50)

    D. INSERT INTO 教师(编号,职称,年龄) VALUES("T01","教授",50)

1.5 窗体

1. Access 数据库中，可用于设计输入界面的对象是(　　)。

    A. 表

    B. 窗体

    C. 查询

    D. 报表

2. Access 数据库中，(　　)视图可展示窗体运行时的最终结果。

    A. 窗体

    B. 设计

    C. 数据表

    D. 数据透视表

3. 下列关于窗体的叙述中，正确的是(　　)。

    A. 调整窗体中控件所在位置，可使用窗体设计视图

    B. 窗体可以对数据库中的数据进行汇总，并以格式化方式发送到打印机

    C. 窗体的记录源可以是宏

    D. 窗体没有"双击"事件

4. 以下关于主/子窗体的叙述，错误的是(　　)。

    A. 主/子窗体主要用来显示表间具有一对多关系的数据

    B. 主窗体只能显示为纵栏式布局

    C. 在主窗体查看到的数据是一对多关系中的"一"端

    D. 主窗体中的数据与子窗体中数据是无关联的

5. 在窗体设计视图中，必须包含的部分是(　　)。

    A. 主体

    B. 窗体页眉和页脚

    C. 页面页眉和页脚

    D. 以上选项均须包含

6. 在窗体的各个部分中，(　　)可将页码、日期和列标题显示于窗体中每一页的顶部。

    A. 窗体页眉

    B. 窗体页脚

    C. 页面页眉

    D. 页面页脚

7. 在窗体的各个部分中，位于(　　)中的内容在打印预览或者打印时才会显示。

    A. 窗体页眉

B. 窗体页脚

C. 主体

D. 页面页脚

8. 在窗体运行时，(   )用于显示窗体的标题、使用说明等不随记录改变的信息。

A. 窗体页眉

B. 页面页眉

C. 页面页脚

D. 主体

9. 以下不属于窗体属性的是(   )。

A. 记录源

B. 标题

C. 验证规则

D. 数据输入

10. 窗体的背景可用(   )属性设置。

A. Name

B. Caption

C. Picture

D. RecordSource

11. 下列选项中，(   )不可以被设置为窗体的记录源(RecordSource)。

A. 报表

B. 查询

C. 表

D. SQL 语句

12. 要使窗体中没有记录选择器，应将窗体的"记录选择器"属性值设置为(   )。

A. 是

B. 否

C. 有

D. 无

13. 设计一个用文本框动态显示时间的窗体，应使用(   )的 Timer 事件来实现更新时间功能。

A. 本框控件

B. 窗体

C. 时间控件

D. 命令按钮

14. 窗体的"计时器间隔"属性以(   )为单位。

    A. 1 秒

    B. 1/10 秒

    C. 1/100 秒

    D. 1/1000 秒

15. 若要设置窗体的背景色每隔 1 秒钟改变一次，需设置窗体的"计时器间隔"为(   )。

    A. 10

    B. 100

    C. 1000

    D. 10000

16. 窗口事件是指操作窗口时所引发的事件。下列事件中，不属于窗口事件的是(   )。

    A. 加载

    B. 确定

    C. 打开

    D. 关闭

17. 为窗体中的命令按钮添加单击事件，可利用该按钮属性对话框中的(   )选项卡进行操作。

    A. 格式

    B. 事件

    C. 方法

    D. 数据

18. 属性窗格中的(   )选项卡中的属性可以设置多数控件的外观或窗体的显示格式。

    A. 格式

    B. 数据

    C. 事件

    D. 其他

19. 通过设置(   )属性值能改变控件在窗体中的垂直位置。

    A. Left

    B. Height

    C. Top

    D. Width

20. 设置控件的(   )属性能调整控件在窗体上的位置。

    A. 宽度

    B. 高度

    C. 上边距和左边距

    D. 宽度和高度

21. 设置控件的( )属性能确定窗体上控件的大小。

    A. 左边距

    B. 高度

    C. 上边距和左边距

    D. 宽度和高度

22. 主要用于显示、输入和更新数据库中的字段的控件类型是( )。

    A. 绑定型

    B. 非绑定型

    C. 计算型

    D. 非计算型

23. "特殊效果"属性值用于设置控件的显示效果,下列不属于"特殊效果"属性值的是
( )。

    A. 平面

    B. 凸起

    C. 蚀刻

    D. 透明

24. 在计算控件中,每个表达式前面都要加上( )。

    A. !

    B. =

    C. ,

    D. Like

25. 设窗体中有标签 Label1 和按钮 Command1,( )语句可实现单击 Command1 后 Label1
中文字颜色变红色。

    A. Label1.ForeColor=RGB(255,0,0)

    B. Command1.ForeColor=RGB(255,0,0)

    C. Label1.BackColor=RGB(255,0,0)

    D. Command1.BackColor=RGB(255,0,0)

26. Access 数据库中( )控件主要用来交互式输入或编辑文本型或数字型字段数据。

    A. 标签

    B. 组合框

    C. 复选框

    D. 文本框

27. 窗体中有文本框 Text1 和命令按钮 Command1，要在 Command1 的 Click 事件中引用 Text1 的当前值，正确的语句是(　　)。

    A. Command1.Caption

    B. Text1.Value

    C. Command1.Value

    D. Text1.Caption

28. 设"订单"表包含书名、单价和数量三个字段，以该表为数据源创建的窗体中，用于计算各书订购金额的文本框，其控件来源是(　　)。

    A. [单价]*[数量]

    B. =[单价]*[数量]

    C. [订单表]![单价]*[订单表]![数量]

    D. =[订单表]![单价]*[订单表]![数量]

29. 为窗体中的文本框设置默认值，可利用该文本框属性对话框中的(　　)选项卡进行操作。

    A. 格式

    B. 事件

    C. 方法

    D. 数据

30. 如果要在窗体上显示产品信息表中"产品名称"字段的值，可使用(　　)文本框。

    A. 对象型

    B. 绑定型

    C. 非绑定型

    D. 计算型

31. 要改变窗体中文本框控件的数据源，应设置的属性是(　　)。

    A. 记录源

    B. 控件来源

    C. 筛选查阅

    D. 默认值

32. Access 数据库中，若要求在窗体上设置输入的数据是取自某一个表或查询中某个字段的数据，或者取自某固定内容的数据，可以使用(　　)控件。

    A. 选项组

    B. 文本框

    C. 列表框或组合框

    D. 按钮

33. 可返回组合框数据项个数的属性是(　　)。

    A. ListCount

    B. ListIndex

    C. ListSelected

    D. ListValue

34. 从组合框中删除一项数据，可以用下列(　　)方法。

    A. DeleteItem

    B. RemoveItem

    C. DropItem

    D. ListItem

35. 组合框的(　　)方法，用于向其中添加一项数据。

    A. RemoveItem

    B. ListItem

    C. InsertItem

    D. AddItem

36. 图书种类有"科技""教育""儿童"三个值，在窗体设计时使用(　　)控件，则运行时用户可从中直接选择值。

    A. 命令按钮

    B. 图像

    C. 文本框

    D. 组合框

37. 组合框的"行来源类型"属性不包括(　　)。

    A. 值列表

    B. 宏

    C. 字段列表

    D. 表/查询

38. 以下关于列表框的叙述中，正确的是(　　)。

    A.列表框不可以包含多列数据

    B.列表框不可设置控件来源

    C.列表框的选项允许多重选择

    D.列表框的可见性设置为"否"，则运行时显示为灰色

39. 列表框的(　　)方法用于删除其中的一项数据。

    A. DeleteItem

    B. RemoveItem

C. UpdateItem

D. DropItem

40. 列表框中数据项的个数可用(　　)属性获得。

A. ListCount

B. ListIndex

C. RowSource

D. ControlSource

41. (　　)属性可返回列表框选定项的下标号。

A. ListCount

B. ListIndex

C. ListSelected

D. ListValue

42. 复选框的 Value 属性值为 1 表示(　　)。

A. 复选框被选中

B. 复选框未被选中

C. 复选框内有灰色的勾

D. 复选框运行时不可见

43. 设置复选框 Check1 为未选中状态的语句是(　　)。

A. Check1.Value=True

B. Check1.Checked=False

C. Check1.Value=False

D. Check1.Enabled=False

44. 命令按钮的标题设为"退出(&Exit)"后，若要访问该按钮，可以用组合键(　　)。

A. Ctrl+Exit

B. Ctrl+E

C. Alt+E

D. Shift+E

45. 在窗体上，设置控件 Command1 为不可见的正确的语句是(　　)。

A. Command1.Color=false

B. Command1.Caption=false

C. Command1.Enabled=false

D. Command1.Visible=false

46. 命令按钮的(　　)属性，用于控制其是否处于可用状态。

A. Enabled

B. Visible

C. ControlType

D. Default

47. 在使用向导为教师信息表创建窗体时，照片字段所使用的默认控件是( )。

    A. 绑定对象框

    B. 列表框

    C. 文本框

    D. 组合框

48. 若窗体中有图像控件 Image1，要使 Image1 的图像不可见，可使用语句( )。

    A. Image1.Enabled=True

    B. Image1.Enabled =False

    C. Image1.Visible=True

    D. Image1.Visible=False

49. 要在窗体中显示图片，不可以使用( )控件。

    A. 列表框

    B. 非绑定对象框

    C. 绑定对象框

    D. 图像

50. 窗体中矩形控件的边框颜色可用( )属性设置。

    A. ForeColor

    B. BackColor

    C. BorderColor

    D. BorderStyle

51. 下面对选项组的"选项值"属性描述正确的是( )。

    A. 只能设置为文本

    B. 可以设置为数字或文本

    C. 只能设置为数字

    D. 不能设置为数字或文本

1.6 报表

1. 报表是 Access 数据库的一个( )。

    A. 对象

    B. 链接

  C. 控件

  D. 输入数据形式

2. 报表的作用不包括(　　)。

  A. 分组数据

  B. 汇总数据

  C. 输出数据

  D. 查询数据

3. 以下叙述中正确的是(　　)。

  A. 窗体不能修改数据源记录

  B. 报表和数据表功能一样

  C. 报表只能输入/输出数据

  D. 报表不能修改数据源记录

4. 以行、列的方式输出记录数据，一行显示一条记录，一页显示多条记录，应选择(　　)报表。

  A. 纵栏式

  B. 表格式

  C. 图表

  D. 标签

5. (　　)可以更直观地表示数据之间的关系。

  A. 纵栏式报表

  B. 表格式报表

  C. 图表报表

  D. 标签报表

6. 报表的视图不包括(　　)。

  A. 打印预览视图

  B. 数据透视表视图

  C. 布局视图

  D. 设计视图

7. 在报表的设计视图里，单击"页眉/页脚"组的"标题"按钮，会在报表的(　　)添加标题。

  A. 报表页眉

  B. 页面页眉

  C. 主体节

  D. 组页眉

8. 报表输出不可缺少的组成部分是( )。

    A. 页面页眉

    B. 报表页脚

    C. 主体

    D. 页面页脚

9. 报表中用来处理每条记录,其字段数据均需通过文本框或其他控件绑定显示,这些信息一般应放在报表的( )。

    A. 报表页眉

    B. 主体

    C. 页面页眉

    D. 页面页脚

10. 以下关于报表的叙述中,正确的是( )。

    A. 报表中必须包含报表页眉和报表页脚

    B. 报表中必须包含页面页眉和页面页脚

    C. 报表页眉打印在报表每页的开头,报表页脚打印在报表每页的末尾

    D. 报表页眉打印在报表第一页的开头,报表页脚打印在报表最后一页的末尾

11. 在设计报表时,报表的数据来源不能是( )。

    A. 表

    B. 窗体

    C. 查询

    D. SQL 语句

12. 不能作为报表对象数据源的是( )。

    A. 表

    B. 查询

    C. 宏

    D. SQL 语句

13. 图 2-4 所示的是"学生选课成绩"报表设计视图,由此可以判断该报表的分组字段是( )。

    A. 课程名称

    B. 学分

    C. 成绩

    D. 姓名

图 2-4   "学生选课成绩"报表

14. Access 报表中要实现按某字段分组统计，需要设置(   )。

A. 页面页脚

B. 报表页脚

C. 该字段的组页脚

D. 主体

15. 若在报表中按某字段分组统计信息，则关于组页眉和组页脚的叙述正确的是(   )。

A. 一旦设置了组页眉，系统就会自动添加组页脚

B. 组页眉和组页脚可以分开设置，但必须都要设置

C. 可以只设置组页眉或只设置组页脚

D. 组页眉和组页脚都不用设置

16. 在基于"学生表"的报表中按照"班级"分组，并设置一个文本框控件，控件来源属性设置为=count(*)，关于该文本框说法中，正确的是(   )。

A. 文本框如果位于页面页眉，则输出本页记录总数

B. 文本框如果位于班级页眉，则输出本班记录总数

C. 文本框如果位于页面页脚，则输出本班记录总数

D. 文本框如果位于报表页脚，则输出本页记录总数

17. 要在报表最后一页主体内容之后输出汇总信息，应设置(   )。

A. 页面页脚

B. 组页脚

C. 报表页脚

D. 页面页眉

18. 要实现报表的总计，其操作区域是(   )。

A. 报表页眉/页脚

B. 组页眉/页脚

C. 主体

D. 页面页眉/页脚

19. 文本框的"控件来源"属性一般是以( )开头的计算表达式。

    A. 小于号

    B. 省略号

    C. 大于号

    D. 等号

20. 将报表上文本框的"控件来源"属性设置为( )，则在该文本框中显示"数学"课程的平均分。

    A. =Avg(数学)

    B. = Avg([数学])

    C. Avg([数学])

    D. Avg(数学)

21. 在报表中要显示"单价"(数字型)字段的最大值，设计时应将相应文本框的"控件来源"属性设置为( )。

    A. =Max[单价]

    B. Max(单价)

    C. =Max([单价])

    D. Max([单价])

22. 在报表中，要计算"成交金额"字段的最低值，应将控件的"控件来源"属性设置为( )。

    A. =Min[成交金额]

    B. =Mini(成交金额)

    C. =Min([成交金额])

    D. =Mini([成交金额])

23. 设置报表上文本框的"控件来源"属性为( )，则在该文本框中显示系统当前的年份。

    A. =Year(Time())

    B. =Year(Date())

    C. =Year(Day())

    D. =Year(Month())

24. 要在报表中输出系统日期，应添加( )控件，并将"控件来源"属性设置为系统日期表达式。

    A. 组合框

    B. 标签

    C. 列表框

    D. 文本框

25. 报表的一个文本框控件来源属性为 IIF((([Page] Mod 2 = 0), "页" & [Page], " ")，下列说法中，正确的是(　　)。

    A. 显示奇数页码

    B. 显示偶数页码

    C. 显示当前页码

    D. 显示全部页码

26. 报表的一个文本框控件来源属性为 IIF((([Page] Mod 2 = 1), "页" & [Page], " ")，下列说法中，正确的是(　　)。

    A. 显示奇数页码

    B. 显示偶数页码

    C. 显示当前页码

    D. 显示全部页码

27. 要将数据以图表报表形式显示出来，可以使用(　　)。

    A. 图像控件

    B. 报表向导

    C. 标签向导

    D. 图表控件

1.7 宏

1. 在 Access 数据库中，宏是按(　　)调用的。

    A. 名称

    B. 变量

    C. 编码

    D. 关键字

2. 使用宏的主要目的是(　　)。

    A. 提高 CPU 的运行速度

    B. 一次完成多个操作

    C. 节省内存空间

    D. 提高程序的可读性

3. 当创建条件宏时，在某行的条件列输入"..."，表示(　　)

    A. 该行无条件

    B. 该行条件与上一行相同

    C. 该行不允许有条件

D. 该行条件被屏蔽

4. 当下列对宏组描述正确的是( )。

　　A. 宏组里只能有两个宏

　　B. 宏组中每个宏都有宏名

　　C. 宏组里宏用"宏组名! 宏名"来引用

　　D. 运行宏组名时宏组中的宏依次被运行

5. 可以使用宏的数据库对象是( )。

　　A. 宏

　　B. 报表

　　C. 窗体

　　D. 以上三项都可以

6. 在宏的条件表达式中,要引用 Form1 窗体上名为 TxtName 控件的值,可使用( )。

　　A. Forms! Form1!TxtName

　　B. Forms!TxtName

　　C. Form1!TxtName

　　D. TxtName

7. 在宏的条件表达式中,要引用 Rpt1 报表上名为 TxtName 控件的值,可使用( )。

　　A. Reports!Rpt1!TxtName

　　B. Report!TxtName

　　C. Rpt1!TxtName

　　D. TxtName

8. 在创建条件宏时,If 块中不能添加( )。

　　A. If

　　B. Else

　　C. ElseIf

　　D. Submacro

9. 要限制宏命令的操作范围,可以在创建宏时定义( )。

　　A. 宏操作对象

　　B. 宏条件表达式

　　C. 宏操作目标

　　D. 窗体或报表的控件属性

10. ( )可实现当用户打开 Access 数据库时,自动运行一个数据库欢迎界面的窗体。

　　A. 宏名

　　B. AutoExec

C. Auto

D. 宏组

11. 若打开数据库时不运行 AutoExec 宏，可在打开数据库时按住(　　)键。

A. Esc

B. Enter

C. Shift

D. Ctrl

12. 下列关于宏的叙述中，正确的是(　　)。

A. 不能用一个宏间接运行另一个宏

B. 宏组中的各个宏之间一定要有联系

C. 自动运行宏的宏名为 AutoExec

D. 宏一次只能完成一个操作

13. 宏中的每个操作命令都有名称，这些名称(　　)。

A. 可以更改

B. 不能更改

C. 部分能更改

D. 能调用外部命令进行更改

14. 打开数据表的宏操作是(　　)。

A. OpenForm

B. OpenReport

C. OpenTable

D. OpenQuery

15. 打开报表的宏命令是(　　)。

A. OpenForm

B. OpenReport

C. OpenTable

D. OpenQuery

16. 用宏命令 OpenReport 打开报表，可以显示该报表的视图是(　　)。

A. 布局视图

B. 设计视图

C. 打印预览视图

D. 以上都可以

17. 用于打开窗体的宏命令是(　　)。

A. OpenForm

B. OpenReport

C. OpenQuery

D. OpenWindow

18. 用于最小化窗口的宏命令是(　　)。

A. MaxForm

B. MinForm

C. MaximizeWindow

D. MinimizeWindow

19. 用于最大化窗口的宏命令是(　　)。

A. MaxForm

B. MinForm

C. MaximizeWindow

D. MinimizeWindow

20. 停止当前正在运行的宏的操作是(　　)。

A. StopMacro

B. Close

C. Quit

D. MinimizeWindow

21. 如果要建立一个宏，希望执行该宏后，首先打开一个报表，然后打开一个窗体，那么在该宏中应该依次使用(　　)两个操作命令。

A. OpenReport 和 OpenQuery

B. OpenReport 和 OpenForm

C. OpenTable 和 OpenForm

D. OpenTable 和 OpenView

22. 查找符合条件的记录的宏命令是(　　)。

A. GoToRecord

B. SetValue

C. MoveSize

D. FindRecord

23. 在 Access 中，可以使用宏操作中的(　　)命令来间接运行另一个宏。

A. RunApp

B. RunMacro

C. OpenForm

D. OpenTable

24. 关于宏的叙述中, 正确的是( )。

    A. 自动运行宏的名称是 AutoMacro

    B. 打开窗体的宏命令是 OpenWindow

    C. 退出 Access 的宏命令是 QuitAccess

    D. 打开查询的宏命令是 OpenTable

1.8　VBA 程序设计

1. 在 VBA 中, 类型符#表示( )数据类型。

    A. 整型

    B. 长整型

    C. 单精度

    D. 双精度型

2. 在 VBA 中, 类型符$表示的数据类型是( )。

    A. 整型

    B. 长整型

    C. 字符型

    D. 货币型

3. 下列选项( )中变量 a 的数据类型为字符型。

    A. Dim a%

    B. Dim a!

    C. Dim a$

    D. Dim a&

4. 下列变量的数据类型为长整型的是( )。

    A. x%

    B. x!

    C. x$

    D. x&

5. 以下( )不属于 Access 的数据类型。

    A. 逻辑型

    B. 对象型

    C. 报表型

    D. 变体型

6. VBA 中如果没有显式声明或未用符号来定义变量的数据类型，则变量的默认数据类型为(   )。

    A. Boolean

    B. Int

    C. String

    D. Variant

7. 下列关于 Access 变量名的叙述中，正确的是(   )。

    A. 变量名长度为 1~255 个字符

    B. 变量名可以包含字母、数字、汉字、空格和其他字符

    C. 多个变量可以共用一个名字，以减少变量名的数目

    D. 尽量用关键字做变量名，以使名字标准化

8. 以下(   )是合法的变量名。

    A. _xy

    B. x-y

    C. abc123

    D. integer

9. VBA 中，(   )是合法的变量名。

    A. _str

    B. a+b

    C. A_B

    D. long

10. VBA 程序的多条语句可以写在同一行中，分隔符必须使用符号(   )。

    A. :

    B. '

    C. ;

    D. ,

11. 下面能够交换变量 x 和变量 y 值的程序段是(   )。

    A. y=x : x=y

    B. z=x : x=y : y=z

    C. z=x : y=z : x=y

    D. z=x : w=y : y=z : x=y

12. 执行下列程序段后，变量 y 的值为(   )。

```
Dim x%, y%, z%
x = 10: y = 20
```

```
z = x
x = y
y = z
```

    A. 20

    B. 10

    C. 0

    D. 30

13. 将过程定义为 Private，表示(　　)。

    A. 此过程只可以被其他模块中的过程调用

    B. 此过程只可以被本模块中的其他过程调用

    C. 此过程不可以被任何其他过程调用

    D. 此过程可以被本数据库中的其他过程调用

14. 过程 s(x as integer,y as integer)，设 a、b 为整型变量，能正确调用过程 s 的是(　　)。

    A. s

    B. Call s a, b

    C. Call s(a, b)

    D. s(a, b)

15. 过程 f 有两个浮点型参数，设 a、b 为浮点型变量，能正确调用过程 f 的是(　　)。

    A. f

    B. Call f a, b

    C. Call f(a, b)

    D. f(a, b)

16. 设有如下过程，不能正确调用过程 Proc 的是(　　)。

```
Sub Proc(x As Integer, y As Integer)
```

    A. Call Proc(3,4)

    B. Call Proc(3+2,4)

    C. Proc 3,4+2

    D. Proc(3,4)

17. VBA 中，以实参 x 调用有参数函数过程 f(i),将返回的函数值赋给变量 y，正确的写法是(　　)。

    A. y = f(i)

    B. y = call f(n)

    C. y = f(x)

D. y = call f(x)

18. 设有下列函数，F(6)-F(4)的值为(   )。

```
Function F(n As Integer) As Integer
    Dim s, i As Integer
    F = 0
    For i = 1 To n
        F = F + i
    Next i
End Function
```

    A. 2

    B. 6

    C. 10

    D. 11

19. 设有下面函数，F(5)的值为(   )。

```
Function F(n As Integer) As Integer
    Dim s, i As Integer
    F = 0
    For i = 1 To n step 2
        F = F + i
    Next i
End Function
```

    A. 2

    B. 6

    C. 9

    D. 8

20. VBA 提供了结构化程序设计的 3 种基本结构，它们分别是(   )。

    A. 递归结构、选择结构、循环结构

    B. 选择结构、过程结构、顺序结构

    C. 过程结构、输入输出结构、转向结构

    D. 选择结构、循环结构、顺序结构

21. 下列(   )不是分支结构的语句。

    A. If ··· Then ··· End If

    B. If ··· Then ··· Else ··· End If

    C. Do ··· Loop Until ···

    D. Select Case ··· End Select

22. 执行下列程序段后，变量 y 的值为(   )。

```
Dim x As Integer, y As Integer
x = 12
y = 0
If x >= 0 Then
    y = y + 1
Else
    y = y -1
End If
```

A. 13

B. 11

C. 1

D. -1

23. 执行下列程序段后，变量 y 的值为(   )。

```
Dim y As Integer
Dim x As Single
x = 5.5
If x >= 0 Then
    y = x + 1
Else
    y = x -1
End If
```

A. 6.5

B. 5.5

C. 6

D. 5

24. 执行下列程序段后，变量 Result 的值为(   )。

```
a = 3
b = 4
c = 5
If (a + b > c) And (a + c > b) And (b + c > a) Then
    Result = "Yes"
Else
    Result = "No"
End If
```

A. False

B. Yes

C. No

D. True

25. 以下程序段执行后，y 的值为(   )。

```
Dim x%, y$
x = 50
If x > 60 Then
    y = "d"
ElseIf x > 70 Then
    y = "c"
ElseIf x > 80 Then
    y = "b"
Else
    y = "a"
End If
```

A. d

B. c

C. b

D. a

26. 执行下列程序段后，变量 x 和 y 的值分别为(   )。

```
Dim x%, y%
x = 2
y = 3
Do While y <= 5
    y = y + 2
Loop
```

A. 1 和 5

B. 2 和 7

C. 2 和 5

D. 4 和 7

27. 执行下列程序段后，变量 x 的值为(   )。

```
x = 3
y = 5
While Not y > 5
  x = x * y
  y = y + 1
Wend
```

A. 3

B.5

C. 15

D. 6

28. 执行下列程序段后，变量 y 的值为(   )。

```
x = 36
y = 30
r = x Mod y
While r <> 0
    x = y
    y = r
    r = x Mod y
Wend
```

A. 36

B.30

C. 5

D. 6

29. 执行下面程序段后，变量 y 的值为(   )。

```
Dim x%, y%
x = 4
y = 0
Do Until x <= 4
    x = x - 1
    y = y + x
Loop
```

A. 0

B.3

C. 5

D. 6

30. 以下程序段执行后，s 的值为(   )。

```
Dim i%, s%
s = 0
i = 2
Do
    i = i + 1
    s = s + i
```

```
Loop Until i < 5
```

A. 0

B.1

C. 2

D. 3

31. 执行下列程序段后，变量 s 的值为(　　)。

```
Dim i%, s$
s = ""
For i = 1 To 7 Step 2
    s = s & i
Next i
```

A. 1234567

B. 7

C. 1357

D. 135

32. 执行下列程序段后，变量 a 的值为(　　)。

```
a = 1
For i = 2 To 3
    a = a * i
Next i
```

A. 2

B. 4

C. 9

D. 6

33. 执行下列程序段后，循环变量 i 的值为(　　)。

```
a = 1
For i = 2 To 3
    a = a * i
Next i
```

A. 6

B. 3

C. 4

D. 2

34. 执行下面程序段后，变量 i 和 s 的值分别为(　　)。

```
s = 1
For i = 1 To 3
    s = s +2* i
Next i
```

A. 5 和 15

B. 4 和 13

C. 5 和 18

D. 4 和 17

35. 执行下列程序段后，变量 Result 的值为(　　)。

```
n = 6
s = 0
For i = 1 To n -1
    If n Mod i = 0 Then s = s + i
Next i
If n = s Then
    Result = "Yes"
Else
    Result = "No"
End If
```

A. 0

B. Yes

C. No

D. 1

36. 下列程序段中，语句 MsgBox i 将执行(　　)次。

```
For i = 1 To 8 Step 2
    MsgBox i
Next i
```

A. 0

B. 4

C. 5

D. 8

37. 设有如下程序段，语句 MsgBox i 将执行(　　)次。

```
For i = 8 To 0 Step -2
    MsgBox i
```

```
Next i
```

A. 0

B. 4

C. 5

D. 8

38. 执行下列程序段后，循环体将被执行(   )次。

```
For i = 0 To 10 step 2
    x = x + 1
Next i
```

A. 6

B. 7

C. 4

D. 5

39. 由 For i=0 to 6 step 3 决定的循环结构，其循环体将被执行(   )次。

A. 0

B. 1

C. 2

D. 3

40. 下列程序段中，不执行 x = x * i 语句的是(   )。

A. For i = 10 to 1 Step -3

    x = x * I

  Next I

B. For i = 1 to 10 Step -3

    x = x * i

  Next

C. For i = -5 to 10

    x = x * I

  Next I

D. For i = -5 to 10 Step 2

    x = x * i

  Next

41. 系统默认设置下，定义数组 A(4,-1 to 2)，则 A 含有(   )个元素。

A. 12

B. 15

C. 20

D. 16

42. 定义了二维数组 A(2, 1 to 4)，该数组的元素个数为(　　)。

A. 12

B. 10

C. 8

D. 6

43. VBA 语句 Dim arr(2 to 5,3) As Single 声明的数组 arr 有(　　)个元素。

A. 4

B. 12

C. 16

D. 7

44. 在模块的声明部分有 Option Base 0 语句，则 Dim A(3) As Integer 的含义是(　　)。

A. 声明由 3 个整数构成的数组 A

B. 声明由 4 个整数构成的数组 A

C. 声明 1 个值为整型的变量 A(3)

D. 声明 1 个值为 3 的变量 A

45. 在模块的声明部分有 Option Base 1 语句，则 Dim A(2,3) As Single 声明的数组 A 有(　　)个元素。

A. 6

B. 9

C. 12

D. 20

46. 系统默认状态下，VBA 语句 Dim Arr(5) as String 的含义是(　　)。

A. 定义了具有 5 个元素的字符串数组

B. 定义了具有 6 个元素的字符串数组

C. 定义 1 个值为字符串型的变量 Arr(5)

D. 定义 1 个值为 5 的变量 Arr

47. 下列一维数组声明语句错误的是(　　)。

A. Dim b(10) As Double

B. Dim b(-3 To -5) As Integer

C. Dim b(-5 To 0)

D. Dim b(3 To 3) As String

48. 以下程序段执行后，数组元素 d(5)的值为(   )。

```
Dim d(1 to 10) As Integer
d(1)=1
For i = 2 To 10
    d(i) = d(i-1)+1
Next i
```

A. 0

B. 2

C. 4

D. 5

49. 执行下列程序段后，数组元素 a(3)的值为(   )。

```
Dim a(10) As Integer
For i = 0 To 9
    a(i) = 3 ^ i
Next i
```

A. 9

B. 6

C. 27

D. 12

50. 执行下面程序段后，变量 y 的值为(   )。

```
Dim arr(5,5) As Integer
Dim i%,j%
For i = 3 To 5
    For j = 3 To 5
        arr(i,j) = i+j
    Next j
Next i
y = arr(3,4) + arr(4,4) + arr(4,5)
```

A. 16

B. 20

C. 24

D. 48

51. 有下列程序段，当输入 a 的值为-10 时，执行后变量 b 的值为(   )。

```
a = InputBox("input a:")
Select Case a
    Case Is < 0
        b = a + 1
```

```
        Case 0, -10
              b = a + 2
        Case Else
              b = a + 3
End Select
```

    A. -9

    B. -8

    C. -7

    D. -10

52. 执行下面程序段后，变量 b 的值为(   )。

```
Dim a As String, b As String
a = "h"
Select Case a
        Case "0" To "9"
              b = "Number"
        Case "a" To "z"
              b = "Capital"
        Case "A" To "Z"
              b = "Lowercase"
        Case Else
              b = "Other"
End Select
```

    A. Number

    B. Capital

    C. Lowercase

    D. Other

53. VBA 中，表达式"Date:" & "2017-10-6"的值是(   )。

    A. Date:#10/6/2017#

    B. Date:2017-10-6

    C. Date:2017/10/6

    D. Date&10/6/2017

54. VBA 中，函数表达式 Mid("ABCDEF", 3, 7)的值为(   )。

    A. 溢出

    B. EF

    C. CDEF

    D. DEF

55. 函数 Mid("ABCDE",3)的返回值是(　　　)。

   A. ABC

   B. BCD

   C. CDE

   D. 参数不匹配，语法错误

56. VBA 中，表达式 7*5 mod 2^(9\4)-2 的值为(　　　)。

   A. 3

   B. 7

   C. 1

   D. 0

57. VBA 中，表达式 10 Mod 7 的值为(　　　)。

   A. 0

   B. 1

   C. 2

   D. 3

58. 函数 Len("Round")的值是(　　　)。

   A. 3

   B. 5

   C. 7

   D. 10

59. VBA 中，函数表达式 Right("VB 编程技巧",4)的值是(　　　)。

   A. 编程技巧

   B. 技巧

   C. VB 编程

   D. VB 编

60. 已知函数 Asc("B")的返回值是 66，则 Chr(67)的返回值是(　　　)。

   A. A

   B. B

   C. C

   D. D

61. 已知函数 Asc("a")的返回值是 97，则 Asc("b")的返回值是(　　　)。

   A. 7

   B. 98

   C. 99

D. 100

62. 设有正实数 x(含一位小数)，下列 VBA 表达式中，(　　)不能对 x 四舍五入取整。

　　A. Round(x)

　　B. Int(x)

　　C. Int(x+0.5)

　　D. Fix(x+0.5)

63. 下列选项中(　　)产生的结果是不同的。

　　A. Int(10.56) 与 Round(10.56,0)

　　B. Left("Access",3)与 Mid("Access",1,3)

　　C. 9 MOD 8 与 5\4

　　D. "Access"+"ABC"与"Access"&"ABC"

64. 表达式值为 True 的是(　　)。

　　A. 13 / 4 > 13 \ 4

　　B. "10" > "4"

　　C. "杨" < "冬"

　　D. Int(8.63) = Round(8.63,0)

65. 表达式 Year(#2016-04-20#)+Month(#2016-04-20#)的值是(　　)。

　　A. 201604

　　B. 201620

　　C. 2020

　　D. 2036

66. 表达式 Val("12b12") + Year(#3/3/2015#)的值为(　　)。

　　A. 3227

　　B. 2027

　　C. 12b122015

　　D. 12122015

67. VBA 中，表达式 CInt("12") + Month(#8/15/2012#)的值为(　　)。

　　A. 27

　　B. 20

　　C. 128

　　D. 1215

68. 数学关系式 20≤x≤30 在 VBA 中应表示为(　　)。

　　A. 20≤x　And　x≤30

　　B. x>=20　And　x<=30

C. 20≤x Or x≤30

D. x>=20 Or <=30

69. 能正确表示条件"m 和 n 都是奇数"的逻辑表达式是( )。

A. m Mod 2=1 And n Mod 2=1

B. m Mod 2=1 Or n Mod 2=1

C. m\2=1 And n\2=1

D. m\2=1 Or n\2=1

70. 用于获得字符串 s 从第 2 个字符开始的 3 个字符的函数是( )。

A. Left(s,2,3)

B. Left(s,2,4)

C. Mid(s,2,3)

D. Mid(s,2,4)

71. 下列函数中( )产生的结果是不同的。

A. Int(12.56) 与 Round(12.56,0)

B. Left("Access",3)与 Mid("Access",1,3)

C. space(5)与 String(5,"")

D. "Access"+"VBA"与"Access"&"VBA"

72. 过程定义语句 Private Sub Test(ByRef x As Integer)中 ByRef 的含义是( )。

A. 实际参数

B. 形式参数

C. 传址调用

D. 传值调用

73. 过程定义语句 Private Sub Test(ByVal n As Integer)中 ByVal 的含义是( )。

A. 实际参数

B. 形式参数

C. 传址调用

D. 传值调用

74. 要想在过程 Proc 调用后返回形参 x 和 y 的变化结果，下列定义语句正确的是( )。

A. Sub Proc(x As Integer, y As Integer)

B. Sub Proc(ByVal x As Integer, y As Integer)

C. Sub Proc(x As Integer, ByVal y As Integer)

D. Sub Proc(ByVal x As Integer, ByVal y As Integer)

75. 有如下过程:

```
Sub sfun(ByVal a As Integer, ByRef b As Integer)
    a = a * 2
    b = b * 2
End Sub
```

执行下列程序段后, 变量 x 和 y 的值分别为(   )。

```
Dim x%, y%
x = 10
y = 10
Call sfun(x, y)
```

A. 20 和 20

B. 10 和 20

C. 20 和 10

D. 10 和 10

76. 有如下过程

```
Sub Area(ByVal a As Single, ByRef s As Single)
    s = a * a
End Sub
```

执行下列程序段后, 变量 s 的值为(   )。

```
Dim a!, s!
a = 3
s = 5
Call Area(a, s)
```

A. 15

B. 9

C. 8

D. 变量名重复, 程序出错

1.9　VBA 数据库访问技术

1. ADO 是(   )。

A. 开放数据库互联应用编程接口

B. 数据访问对象

C. 数据库

D. 动态数据对象

2. ADO 的三个核心对象是( )。

    A. Connection、Recordset 和 Command

    B. Data、Recordset 和 Field

    C. Recordset、Field 和 Command

    D. Data、Parameter 和 Command

3. 下列关于动态数据对象 ADO 的叙述，错误的是( )。

    A. ADO 属于应用层的编程接口

    B. ADO 能访问文本文件、电子表格、电子邮件等数据源

    C. VBA 不能使用 ADO 对象访问数据库

    D. ADO 的三个核心对象是 Connection、Recordset 和 Command

4. ADO 用于实现应用程序与数据相连接的对象是( )。

    A. Connection

    B. Parameters

    C. Command

    D. Errors

5. ADO 对象模型中，用于执行对数据源的具体操作，如删除数据表、修改数据表结构的对象是( )。

    A. Connection

    B. Field

    C. Recordset

    D. Command

6. ADO 用于执行 SQL 命令的对象是( )。

    A. Connection

    B. Field

    C. Recordset

    D. Command

7. ADO 对象模型中，用存储来自数据库基本表或命令执行结果的记录全集的对象是( )。

    A. Connection

    B. Field

    C. Recordset

    D. Command

8. 声明 rs 为记录集变量的语句是( )。

    A. Dim rs As ADODB.Recordset

B. Dim rs As ADODB.Connection

C. Dim rs As ADODB.Command

D. Dim rs As ADODB

9. 初始化记录集变量 rs 的语句是(　　)。

A. Set rs=New ADODB.Recordset

B. Set rs= ADODB.Recordset

C. New rs= ADODB.Recordset

D. New rs= Recordset

10. (　　)是创建一个记录集对象的正确方法。

A. Dim rs As ADODB.Recordset

rs= ADODB.Recordset

B. Dim r As ADODB.Recordset

Set r=New ADODB.Recordset

C. Dim rs As ADODB.Recordset

Set rs= ADODB.Recordset

D. Dim r As Recordset

Set r= New Recordset

11. 在 ADO 中，打开一个非空 Recordset 对象，当前记录指针总是定位在(　　)。

A. 第一条记录

B. 第一条记录之前

C. 最后一条记录之后

D. 最后一条记录

12. Recordset 对象的 BOF 属性值为"真"，表示记录指针当前位置在(　　)。

A. Recordset 对象第一条记录之前

B. Recordset 对象第一条记录

C. Recordset 对象最后一条记录之后

D. Recordset 对象最后一条记录

13. 设 rs 为记录集对象，且记录指针在第一条记录之前，则叙述正确的是(　　)。

A. rs.BOF( )的值为 True

B. rs.BOF( )的值为 False

C. rs.EOF( )的值为 True

D. rs.TOF( )的值为 False

14. Recordset 对象的 BOF 属性值为"假"，记录指针当前位置不可能在(　　)。

A. Recordset 对象第一条记录

  B. Recordset 对象最后一条记录

  C. Recordset 对象最后一条记录之后

  D. Recordset 对象第一条记录之前

15. 设 rs 为记录集对象，若记录指针在最后一条记录之后，则下列叙述正确的是( )。

  A. rs.EOF( )的值为 True

  B. rs.EOF( )的值为 False

  C. rs.MoveLast( )的值为 True

  D. rs.MoveLast( )的值为 False

16. 设 rs 为记录集对象，则 rs.MoveLast 的作用是( )。

  A. 记录指针从当前位置向后移动一条记录

  B. 记录指针从当前位置向前移动一条记录

  C. 记录指针移到最后一条记录

  D. 记录指针移到最后一条记录之后

17. 设 rs 为记录集对象，rs.MovePrevious 的作用是( )。

  A. 记录指针从当前位置往文件尾方向移动一条记录

  B. 记录指针从当前位置往文件头方向移动一条记录

  C. 记录指针移到最后一条记录

  D. 记录指针移到第一条记录

18. 设 rs 为记录集对象变量，rs.MoveNext 的作用是( )。

  A. 记录指针的记录号减 1

  B. 记录指针的记录号增 1

  C. 移到下一个记录集

  D. 移到上一个记录集

19. 设 rs 为记录集对象，记录指针向后移动一条记录，应使用的命令是( )。

  A. rs.GoNext

  B. rs.MoveNext

  C. rs.Next

  D. rs.GotoNext

20. 设 rs 为记录集对象，若要使记录指针在 rs 中向后相对移动 N 条记录(记录指针的记录号增加)，应使用的命令是( )。

  A. rs.Go N

  B. rs.Move−N

  C. rs.Move N

  D. rs.MoveNext

21. 返回记录集对象 rs 的记录个数，应使用的命令是(　　)。

    A. rs.RecordMax

    B. rs.RecordSum

    C. rs.RecordTotal

    D. rs.RecordCount

22. 往记录集对象 rs 中添加一条新记录，可使用(　　)命令。

    A. rs.MoveNext

    B. rs.Append

    C. rs.Add

    D. rs.AddNew

23. 设 rs 为记录集对象，则命令 rs.Delete 的作用是(　　)。

    A. 删除 rs 对象中的所有记录

    B. 删除 rs 对象中当前记录之前的所有记录

    C. 删除 rs 对象中当前记录之后的所有记录

    D. 删除 rs 对象中的当前记录

24. 在 ADO 中，Recordset 对象的 AddNew 方法的作用是(　　)。

    A. 关闭当前记录集对象，并为该记录集添加一个新方法

    B. 删除记录集对象的当前记录，并添加一条新记录

    C. 向记录集对象添加一个新指针

    D. 向记录集对象添加一条新记录

25. rs 为记录集对象，下列(　　)可以正确完成记录集的清理任务。

    A. rs.Close

    B. rs.Append

    C. Set rs = Nothing

    D. Set rs = Nothing

26. 设 rs 为记录集对象变量，rs.Close 的作用是(　　)。

    A. 只关闭 rs 相关的系统资源，但 Recordset 对象并未从内存中释放

    B. 关闭 rs 相关的系统资源，同时 Recordset 对象从内存中释放

    C. 关闭 rs 对象中当前记录

    D. 关闭 rs 对象中第一条记录

27. 设 rs 为记录集对象，实现 rs 从内存释放的语句是(　　)。

    A. Set rs=Nothing

    B. Set rs=close

    C. rs=Nothing

D. rs=close

28. 在 Access 中，如果打开记录集对象 rs 以获取来自当前数据库中"商品"数据表的所有记录，下列命令正确的是(　　)。

  A. rs.Open "Select * From 商品", CurrentProject.Connection, 2, 2

  B. rs.Open "Select * From 商品", Current.Connection, 2, 2

  C. rs Open "Select * From 商品", CurrentProject.Connection, 2, 2

  D. rs.Open "Select * From 商品", 2, 2, CurrentProject.Connection

29. 在 Access 中，若要打开记录集对象 rs，并获取来自当前数据库中"员工"数据表中的性别为"女"同时在 1980 年 1 月 1 日之后出生的记录，下列命令正确的是(　　)。

  A. rs.Open "Select * From 员工 Where 性别='女' And 出生日期>1980-01-01", CurrentProject.Connection, 2, 2

  B. rs.Open "Select * From 员工 Where 性别='女' And 出生日期<#1980-01-01#", CurrentProject.Connection, 2, 2

  C. rs.Open "Select * From 员工 Where 性别='女' And 出生日期>#1980-01-01#", CurrentProject.Connection, 2, 2

  D. rs.Open "Select * From 员工 Where 性别='女' Or 出生日期>#1980-01-01#", CurrentProject.Connection, 2, 2

30. 在 Access 中，若要将记录集对象 rs 当前记录的"商品名称"字段值显示在当前窗体的"Text1"文本框中，下列命令正确的是(　　)。

  A. Me.Text1=rs(商品名称)

  B. Me.Text1=rs.商品名称

  C. Me.Text1=rs("商品名称")

  D. Me.Text1=商品名称

习题 2　操作题

注意：【操作提示】只提供部分操作提示，其余省略。做题时请认真审题。

1. 打开"操作题"文件夹下的 Access 数据库"操作 01.accdb"，完成下列操作。

(1) 删除"客户"表中"自动编号"字段；设置"客户编号"字段为主键；设置"姓名"字段大小为 10；设置"性别"字段的验证规则为：只允许输入"男"或者"女"。在"客户"表中添加如表 2-1 所示的一条记录：

表 2-1　添加至"客户"表中的内容

客户编号	姓名	性别	联系电话	是否 VIP
U005	林晓明	女	13605914321	否

建立"客户"表和"订单"表之间的"参照完整性"关系。

(2) 创建名为"电动轮椅"的查询，查询"轮椅类型"表中"类别"为电动的信息，依次显示"型号""品牌"和"产地"。

(3) 创建名为"出租收入"的查询，从"订单"表和"轮椅信息"表中查询所有订单的收入情况，依次显示"客户编号""轮椅编号"和"出租收入"，并按出租收入的升序显示。出租收入=(归还日期−租出日期)×单日出租定价。

(4) 使用报表向导，为"轮椅类型"表和"轮椅信息"表创建名为"轮椅品牌信息"的报表，依次显示"品牌""购置日期""型号""轮椅编号"和"单日出租定价"，通过"轮椅信息"查看数据，按"品牌"分组，按"购置日期"降序排列，并设置报表标题为"轮椅品牌"。

(5) 创建名为"订单查询"的宏，运行时弹出提示信息为"请输入查询密码"的对话框，当输入 1234 并单击"确定"按钮后，以只读方式打开"订单"表；否则电脑扬声器发出嘟嘟声，并显示标题为"警告"、消息为"密码错误"的对话框。最后，将"订单查询"宏转换成 Visual Basic 代码。

【操作提示】

(1) 打开"客户"表的设计视图，先把"自动编号"字段的主键去掉，再删除"自动编号"字段；"性别"字段的"验证规则"设为："男" Or "女"。

单击"数据库工具"的"关系"→把"客户"表选到关系窗口中→把"客户"表的"客户编号"和"订单"表的"客户编号"字段建立连接线→双击该连接线，弹出"编辑"关系对话框→勾选"实施参照完整性"。

(2)"电动轮椅"查询的设计视图如图 2-5 所示。

图 2-5　"电动轮椅"查询的设计视图

(3)"出租收入"查询的设计视图如图 2-6 所示。

字段:	客户编号	轮椅编号	出租收入：（[归还日期]-[租出日期]）*[单日出租定价]
表:	订单	订单	
排序:			升序
显示:	☑	☑	☑
条件:			
或:			

图 2-6 "出租收入"查询的设计视图

(4) 单击"创建"选项→单击"报表向导"，弹出"报表向导"对话框→从"轮椅类型"表和"轮椅信息"表中，把所需字段按题目指定顺序选到右侧→"通过 轮椅信息"查看数据→添加按"品牌"分组→选"购置日期"降序→其他默认→设置报表标题为"轮椅品牌"。

(5) "订单查询"的宏如图 2-7 所示。在该宏的设计视图中单击"将宏转换为 Visual Basic 代码"工具，就可以将宏转换为 Visual Basic 代码了。

图 2-7 "订单查询"宏

2. 打开"操作题"文件夹下的 Access 数据库"操作 02.accdb"，完成下列操作。

(1) 将"歌手"表中的"歌手编号"字段类型改为(短文本，5，主键)；将原记录中的歌手编号字段值对应修改为 00001、00002、00003，并在表中追加如表 2-2 所示的两条记录：

表 2-2 添加至"歌手"表中的内容

歌手编号	姓名	性别	国籍
00004	周健	男	中国
00005	那小英	女	中国

建立"歌手"表和"歌曲"表之间的"参照完整性"关系。

(2) 创建名为"四字歌名"的查询，查询"歌曲"表中歌曲名字为四个字的歌曲信息，列出"歌曲编号""歌曲名称"和"发行日期"字段。

(3) 创建名为"参赛者排名"的查询，从"参赛者"和"评分"表中查询所有参赛选手的平均得分，平均得分由高到低排序，显示"选手编号""选手姓名""选送城市"和"平均得分"字段。

(4) 使用报表向导，为"投票"表和"观众"表创建一个名为"观众投票分析"的报表，输出信息依次包括"歌手姓名""观众编号""职业"和"观众年龄"，按"观众年龄"每隔

10 岁分组,并设置报表标题为"观众投票分析"。

(5) 创建一个名为"查看观众信息"的宏,弹出一个信息为"下面将显示观众信息"的提示对话框;对话框只显示"确定"按钮,标题为"提醒信息",单击"确定"按钮将打开名为"观众信息"的查询,并最大化该窗口。最后,将"查看观众信息"宏转换成 Visual Basic 代码。

【操作提示】

(1) 单击"数据库工具"的"关系"→把"歌手"表和"歌曲"表选到关系窗口中→把"歌手"表的"歌手编号"和"歌曲"表的"歌手编号"字段建立连接线→双击该连接线,弹出"编辑"关系对话框→勾选"实施参照完整性"。

(2) "四字歌名"查询的设计视图如图 2-8 所示。

字段:	歌曲编号	歌曲名称	发行日期	Len([歌曲名称])
表:	歌曲	歌曲	歌曲	
排序:				
显示:	☑	☑	☑	☐
条件:				4
或:				

图 2-8 "四字歌名"查询的设计视图

(3) "参赛者排名"查询的设计视图如图 2-9 所示。

字段:	选手编号	选手姓名	选送城市	平均得分: 分数
表:	评分	参赛者	参赛者	评分
总计:	Group By	Group By	Group By	平均值
排序:				降序
显示:	☑	☑	☑	☑
条件:				
或:				

图 2-9 "参赛者排名"查询的设计视图

(4) 单击"创建"选项 →单击"报表向导",弹出"报表向导"对话框→从"投票"表和"观众"表中,把所需字段按题目指定顺序选到右侧→添加按"观众年龄"分组,单击"分组选项"按钮,在"分组间隔"处选择 10s→其他默认→设置报表标题为"观众投票分析"。

(5) "查看观众信息"的宏如图 2-10 所示。在该宏的设计视图中单击"将宏转换为 Visual Basic 代码"工具,就可以将宏转换为 Visual Basic 代码了。

⊞ **MessageBox** (下面将显示观众信息, 是, 无, 提醒信息)
OpenQuery (观众信息, 数据表, 编辑)
MaximizeWindow

图 2-10 "查看观众信息"宏

3. 打开"操作题"文件夹下的 Access 数据库"操作 03.accdb",完成下列操作。

(1) 打开"员工"表,添加两个字段: "是否在职"(是/否)、籍贯(短文本,10)。设置"性别"字段的验证规则为: "男"Or"女"。对"姓名"字段建立索引(允许出现重复值)。在表中输入如表 2-3 所示的记录:

表 2-3 添加至 "员工" 表中的内容

销售员编号	姓名	性别	出生日期	职务	简历	是否在职	籍贯
10001	洪金	男	1982/8/5	经理	2006 年硕士毕业	是	福建
10002	林小芳	女	1995/6/2	经理助理	2017 年本科毕业	是	广东

(2) 创建名为 "销售业绩" 的查询，查询 "销售记录" 表中 "销售金额" 大于等于 2000 的记录，并列出 "销售员姓名" "销售地区" "合同日期" 和 "销售金额" 四个字段内容。

(3) 创建名为 "设备使用情况" 的查询，从 "工程项目" "设备说明" 和 "项目使用设备" 表中查询各设备的使用情况，列出 "负责人" "设备名" "型号" "数量" 和 "产地" 等字段，并按 "数量" 降序排序。

(4) 使用报表向导，为 "人员资质" 表创建一个名为 "职称年龄分布" 的报表，输出信息依次包括 "姓名" "职称" "学历" "企业名称" 和 "年龄"，按 "职称" 分组统计各职称人员的平均年龄，布局选择 "块"，设置报表标题为 "职称年龄分布"。

(5) 创建一个名为 "查看企业信息" 的宏，弹出一个信息为 "下面将显示企业信息" 的提示对话框，对话框只显示 "确定" 按钮，标题为 "提示"，单击 "确定" 按钮将打开企业信息表，并最大化该窗口。最后，将 "查看企业信息" 宏转换成 Visual Basic 代码。

【操作提示】

(1) 打开 "员工" 表的设计视图，把 "性别" 字段的 "验证规则" 设为："男" Or "女"；把 "姓名" 字段的 "索引" 设为 "有(有重复)"。

(2) "销售业绩" 查询设计视图里，在 "销售金额" 字段的条件行输入表达式：>=2000。

(3) "设备使用情况" 查询设计视图里，在 "数量" 字段的排序行选择：降序。

(4) 单击 "创建" 选项 →单击 "报表向导"，弹出 "报表向导" 对话框→从 "人员资质" 表中，把所需字段按题目指定顺序选到右侧→添加按 "职称" 分组→单击 "汇总选项" 按钮，为年龄字段勾选 "平均" →布局选择 "块"，其他默认→设置报表标题为 "职称年龄分布"。

(5) "查看企业信息" 的宏如图 2-11 所示。在该宏的设计视图中单击 "将宏转换为 Visual Basic 代码" 工具，就可以将宏转换为 Visual Basic 代码了。

> **MessageBox** (下面将显示企业信息, 是, 无, 提示)
> **OpenTable** (企业信息, 数据表, 编辑)
> **MaximizeWindow**

图 2-11 "查看企业信息" 宏

4. 打开 "操作题" 文件夹下的 Access 数据库 "操作 04.accdb"，完成下列操作。

(1) 设置 "开销" 表中 "开销费用" 字段大小为：单精度型，小数位数为 2。把 "车辆" 表的 "车辆编号" 字段设为主键，然后在表中添加如表 2-4 所示的两条记录：

表 2-4 添加至"车辆"表中的内容

车辆编号	购买日期	型号	日使用成本
C11	2015/12/31	D006	350
C12	2016/1/1	D003	500

建立"车辆"表和"开销"表之间的"参照完整性"关系。

(2) 创建名为"司机信息"的查询,查询"司机"表中驾龄满 10 年的女司机的信息,依次显示"姓名""性别"和"是否十年驾龄"。

(3) 创建名为"车辆开销情况"的查询,从"司机"表和"开销"表中查询开销费用在 1000 到 3000 范围内(包括 1000 和 3000)的信息,依次显示"姓名""车辆编号""出车日期"和"开销费用"。

(4) 使用报表向导,为"车辆型号"表创建名为"产地分布"的报表,依次显示"产地""型号""品牌"和"类别",按"产地"分组,按"型号"降序排列,并设置报表标题为"产地分布"。

(5) 创建名为"查看车辆信息"的宏,运行时弹出提示信息为"请输入登录码"的对话框,当输入 12345 并单击"确定"按钮,则打开"车辆型号"表;否则显示消息为"登录码错误!"的对话框。最后,将"查看车辆信息"宏转换成 Visual Basic 代码。

【操作提示】

(1) 把"开销"表的"开销费用"字段大小设为"单精度型","格式"选择"固定","小数位数"选择 2。

(2) "司机信息"查询设计视图里,在"性别"字段的条件行输入:女,在"是否十年驾龄"字段的条件行输入:Yes。

(3) "车辆开销情况"查询设计视图里,在"开销费用"字段的条件行输入:>=1000 And <=3000。

(4) 省略,可参考前面同类型的题目。

(5) "查看车辆信息"的宏如图 2-12 所示。在该宏的设计视图中单击"将宏转换为 Visual Basic 代码"工具,就可以将宏转换为 Visual Basic 代码了。

```
⊟ If  InputBox("请输入登录码")="12345"  Then
      OpenTable (车辆型号, 数据表, 编辑)

⊟ Else
   ⊞ MessageBox (登录码错误! , 是, 无, )
  End If
```

图 2-12 "查看车辆信息"宏

5. 打开"操作题"文件夹下的 Access 数据库"操作 05.accdb",完成下列操作。

(1) 在"维护人员"表中添加"微信号"字段,数据类型为:短文本;设置"性别"字段默认值为:男;设置"年龄"字段的验证规则:只允许 18 至 50 周岁;在"维护人员"表中添加如表 2-5 所示的记录:

表 2-5 添加至"维护人员"表中的内容

工号	姓名	性别	年龄	入职时间	QQ 号	微信号
E005	方小敏	女	31	2017/4/14	65432	fzgs_8345

建立"维护人员"表和"骑行信息"表之间的"参照完整性"关系。

(2) 创建名为"维护人员工龄"的查询,查询"维护人员"表中男职工的信息,依次显示"工号""姓名""性别""年龄"和"工龄"。

(3) 创建名为"骑行收入"的查询,从"维护人员"表和"骑行信息"表中查询"林新新"所维护的各辆单车的骑行收入之和,依次显示"单车编号"和"骑行收入之合计"。

(4) 使用报表向导,为"共享单车"表和"单车类型"表创建名为"共享单车信息"的报表,依次显示"电子围栏""月卡单价""单车品牌""法人代表"和"单车成本价",按"电子围栏"分组,按"月卡单价"升序排列,计算"单车成本价"的平均值,并设置报表标题为"共享单车信息"。

(5) 创建名为"查看单车信息"的宏,运行时弹出提示信息为"显示单车信息"的对话框,单击"确定"按钮后,打开"共享单车信息"报表,且只显示单车成本价大于等于 300 的信息;单击"取消"按钮后,弹出提示信息为"退出查询"的对话框。最后,将"查看单车信息"宏转换成 Visual Basic 代码。

【操作提示】

(1) 打开"维护人员"表的设计视图,把"性别"字段的"默认值"设为"男"。把"年龄"字段的"验证规则"设为:>=18 And <=50。

(2) "维护人员工龄"查询的设计视图如图 2-13 所示。

字段:	工号	姓名	性别	年龄	工龄: Year(Date())-Year([入职时间])
表:	维护人员	维护人员	维护人员	维护人员	
排序:					
显示:	☑	☑	☑	☑	☑
条件:			"男"		
或:					

图 2-13 "维护人员工龄"查询的设计视图

(3) "骑行收入"查询的设计视图如图 2-14 所示。

字段:	单车编号	骑行收入之合计：骑行收入(元)	姓名
表:	骑行信息	骑行信息	维护人员
总计:	Group By	合计	Group By
排序:			
显示:	☑	☑	☐
条件:			"林新新"
或:			

图 2-14 "骑行收入"查询的设计视图

(4) 省略，可参考前面同类型的题目。

(5) "查看单车信息"的宏如图 2-15 所示。在该宏的设计视图中单击"将宏转换为 Visual Basic 代码"工具，就可以将宏转换为 Visual Basic 代码了。

图 2-15 "查看单车信息"宏

6. 打开"操作题"文件夹下的 Access 数据库"操作 06.accdb"，完成下列操作。

(1) 在数据库中建立一个名为"裁判信息"的表，表的结构如下：

裁判编号(短文本，5，主键，必须输入 5 个字符，且第一个字符必须是大写字母，后 4 位必须是数字)、姓名(短文本，8，必填)、性别(短文本，2，只能取值为"男"或"女")、出生日期(日期/时间，短日期)、项目编号(短文本，2)、组别(短文本，6，默认值为"中年组")。并输入如表 2-6 所示的记录：

表 2-6 添加至"裁判信息"表中的内容

裁判编号	姓名	性别	出生日期	项目编号	组别
A0001	李文松	男	1995/5/6	12	青年组
B0002	张文	女	1982/12/11	23	中年组

(2) 以库中的"选手信息"表为数据源，创建一个名为"各组人数统计"的查询，要求统计各组别的参赛人数，显示字段为"组别"和"人数"。

(3) 以库中的"选手信息""项目编号"和"选手成绩"三个表为数据源，创建一个名为"男子中年组成绩"的多表查询。要求查询出男子中年组的所有比赛项目成绩，显示字段为"选手编号""姓名""项目名称"和"成绩",并按成绩降序显示。

(4) 以"选手信息""项目编号"和"选手成绩"三个表为数据源,利用报表向导创建一个名为"项目成绩统计"的报表,输出信息包括"项目名称""选手编号""姓名"和"成绩",查看数据方式为"通过 项目编号",并在汇总选项中计算选手的平均成绩,其他选项默认。

(5) 创建一个名为"查看选手信息"的宏,功能是:先弹出一个标题为"请选择"的对话框,对话框显示信息为"是否只查看中年组选手信息?"。单击"是"按钮,则以只读方式打开"选手信息"表,并只显示中年组的选手信息;单击"否"按钮,则以只读方式显示所有选手信息。最后,将"查看选手信息"宏转换成 Visual Basic 代码。

【操作提示】

(1) 在"裁判编号"表的设计视图中,把"裁判编号"字段的"输入掩码"设为:>L0000。

(2) "各组人数统计"查询的设计视图如图 2-16 所示。

字段:	组别	人数: 选手编号
表:	选手信息	选手信息
总计:	Group By	计数
排序:		
显示:	☑	☑
条件:		

图 2-16 "各组人数统计"查询的设计视图

(3) "男子中年组成绩"查询的设计图如图 2-17 所示。

字段:	选手编号	姓名	项目名称	成绩	性别	组别
表:	选手信息	选手信息	项目编号	选手成绩	选手信息	选手信息
排序:				降序		
显示:	☑	☑	☑	☑	☐	☐
条件:					"男"	"中年组"

图 2-17 "男子中年组成绩"查询的设计视图

(4) 省略,可参考前面同类型的题目。

(5) "查看选手信息"的宏如图 2-18 所示。在该宏的设计视图中单击"将宏转换为 Visual Basic 代码"工具,就可以将宏转换为 Visual Basic 代码了。

图 2-18 "查看选手信息"宏

7. 打开"操作题"文件夹下的 Access 数据库"操作 07.accdb",完成下列操作。

(1)在数据库中建立一个名为"导游信息"的表,表的结构如下:

导游编号(短文本,3,主键)、姓名(短文本,8,必填)、性别(短文本,2,只能取值为"男"或"女",提示信息显示"只能输入男或女!")、出生日期(日期/时间,长日期)、电话号码(短文本,11)、线路代码(短文本,1,默认为A)。并输入如表 2-7 所示的记录:

表 2-7 添加至"导游信息"表中的内容

导游编号	姓名	性别	出生日期	电话号码	线路代码
001	陈晓蕾	女	1991 年 8 月 2 日	13601011234	A
002	林佳	男	1989 年 4 月 3 日	18905999999	B

(2) 以库中的"缴费情况"表为数据源,创建一个名为"缴费人数"的查询,要求查询每个线路已经缴费的游客的人数,输出字段为"线路代码"和"缴费人数"。

(3) 以库中的"线路信息""游客信息"和"缴费情况"三个表为数据源,创建一个名为"未缴费情况"的多表查询。要求查询出报名参加 A 线路但未缴费的游客信息,输出字段为:"姓名""性别""住址"和"电话"。

(4) 以库中的"线路信息""游客信息"和"缴费情况"三个表为数据源,创建一个名为"报名情况"的报表,显示字段为"游客编号""姓名""性别""住址""电话""线路名称"和"已缴费",查询数据方式为"通过线路信息",并按"已缴费"情况进行分组,其他选项默认。

(5) 创建一个名为"查询已缴费信息"的宏,弹出一个提示信息为"请输入口令"的输入框,当输入 123456 后,单击"确定"按钮,以只读方式显示"缴费信息"查询中的内容,并只显示已经缴费人员的信息,最大化该窗口。最后,将"查询已缴费信息"宏转换成 Visual Basic 代码。

【操作提示】

(1) 在"导游信息"表的设计视图中,把"姓名"字段的"必需"设为:是。

(2) "缴费人数"查询的设计视图如图 2-19 所示。

字段:	线路代码	缴费人数: 游客编号	已缴费
表:	缴费情况	缴费情况	缴费情况
总计:	Group By	计数	Where
排序:			
显示:	☑	☑	☐
条件:			Yes
或:			

图 2-19 "缴费人数"查询的设计视图

(3) "未缴费情况"查询设计视图里,在"线路代码"字段的条件行输入:A,在"已缴费"

字段的条件行输入：No。

(4) 省略，可参考前面同类型的题目。

(5) "查询已缴费信息"的宏如图 2-20 所示。在该宏的设计视图中单击"将宏转换为 Visual Basic 代码"工具，就可以将宏转换为 Visual Basic 代码了。

图 2-20 "查询已缴费信息"宏

8. 打开"操作题"文件夹下的 Access 数据库"操作 08.accdb"，完成下列操作。

(1) 打开库中"专业"表，把"专业编号 ID"字段改为"专业编号"，设置这个字段为主键，并录入如表 2-8 所示的记录数据：

表 2-8 添加至"专业"表中的内容

专业编号	专业名称	专业负责人	所属院系
P05	艺术设计	陈艺	艺术学院
P06	公共基础数学	郑方	公共基础部

建立"教师"表和"课程"表之间的"参照完整性"关系。

(2) 以库中的"学生"表为数据源，创建一个名为"90 后福建学生"的查询，要求查询 1990 年及以后出生的生源为福建的学生信息，输出字段为"学号""姓名""性别"和"出生日期"，并将查询结果保存到"90 后学生信息"表中。

(3) 以"课程""教师"和"专业"表为数据源，创建名为"查询课程信息"的多表查询，查询结果依次列出"课程名称""学时""学分""学期""教师姓名""专业名称"和"所属院系"等字段，并按学期升序显示。

(4) 以"学生""成绩"和"课程"表为数据源，利用报表向导创建一个名为"学生成绩"的报表，显示字段："学号""姓名""课程名称""学分"和"成绩"，查询数据方式为"通过 学生"，在汇总选项中计算总学分和平均成绩，并按成绩降序显示，其他选项默认。

(5) 创建一名为"查看学生信息"的的宏，作用是先弹出一个类型为"信息"、标题为"提示"的对话框，提示"下面将显示学生基本信息!"，单击"确定"按钮后将以只读方式打开"学生"表，并将记录指针定位在末记录上。最后，将"查看学生信息"宏转换成 Visual Basic 代码。

【操作提示】

(1) 省略，可参考前面同类型的题目。

(2) "90后福建学生"查询是一个生成表查询，在设计视图里，单击"生成表"→为生成的新表命名为"90后学生信息"→选择表和字段→设置条件。查询的设计视图如图2-21所示。运行该查询，就会生成一张名为"90后学生信息"的表。

字段:	学号	姓名	性别	出生日期	生源
表:	学生	学生	学生	学生	学生
排序:					
显示:	☑	☑	☑	☑	☐
条件:				>=#1990/1/1#	"福建"
或:					

图2-21 "90后福建学生"查询的设计视图

(3) 省略，可参考前面同类型的题目。

(4) 省略，可参考前面同类型的题目。

(5) "查看学生信息"的宏如图2-22所示。在该宏的设计视图中点击"将宏转换为Visual Basic代码"工具，就可以将宏转换为Visual Basic代码了。

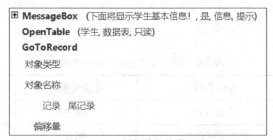

图2-22 "查询学生信息"宏

9. 打开"操作题"文件夹下的Access数据库"操作09.accdb"，完成下列操作。

(1) 打开"考生信息"表，添加两个字段：第一学历(查阅向导，其内容来自"学历"表中的"学历"字段内容)、备注(长文本)，并将"考生ID"字段设置为主键，对"性别"字段设置验证规则"只能取值男或女"。补充如表2-9所示的记录信息：

表2-9 添加至"考生信息"表中的内容

考生ID	第一学历	备注
801	本科	班长
802	专科	学习委员
803	本科	团支书

为"考生信息"表和"考试成绩"表间建立"实施参照完整性"。

(2) 以库中的"考试成绩"为数据源，创建一个名为"报考科目统计"的查询，查询各个考生的科目个数和平均成绩，输出字段为"考生 ID""科目个数"和"平均成绩"。

(3) 以库中的"考生信息""考试科目"和"考试成绩"表为数据源，创建一名为"考生成绩统计"的查询，查询结果依次列出"考生 ID""考生姓名""性别""科目名称""科目权重""成绩"和"权重分"，(注：权重分=[科目权重]*[成绩])，且按"考生 ID"升序显示。

(4) 以"考生信息""考试成绩"和"考试科目"表为数据源，利用报表向导创建一个名为"考生成绩信息"的报表，显示字段"考生 ID""考生姓名""科目名称""科目权重"和"成绩"，查询数据方式为"通过 考生信息"，在汇总选项中计算平均成绩，并按成绩降序显示，其他选项默认。

(5) 创建一名为"查看成绩"的条件宏，先以只读方式打开"考生成绩"，然后弹出一个对话框，标题为"询问"，信息为"记录指针是否定位在末记录?"，单击"确定"按钮则记录指针定位到"考生成绩"表的末记录；单击"取消"则记录指针定位在"考生成绩"表的首记录。最后，将"查看成绩"宏转换成 Visual Basic 代码。

【操作提示】

(1) 在"考生信息"表的设计视图里，添加一个名为"第一学历"字段，数据类型选择"查阅向导"，弹出"查阅向导"对话框→选择"使用查阅字段获取其他表或查询中的值"→选择"表：学历"→把"学历"字段选到右边选定字段中→其他默认。

(2) "报考科目统计"查询的设计视图如图 2-23 所示。

图 2-23 "报考科目统计"查询的设计视图

(3) "考生成绩统计"查询的设计视图如图 2-24 所示。

字段：	考生ID	考生姓名	性别	科目名称	成绩	权重分: [科目权重]*[成绩]
表：	考生信息	考生信息	考生信息	考试科目	考试成绩	
排序：	升序					
显示：	☑	☑	☑	☑	☑	☑
条件：						
或：						

图 2-24 "考生成绩统计"查询的设计视图

(4) 省略，可参考前面同类型的题目。

(5) "查看成绩"的宏如图 2-25 所示。在该宏的设计视图中单击"将宏转换为 Visual Basic 代码"工具，就可以将宏转换为 Visual Basic 代码了。

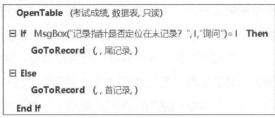

图 2-25 "查看成绩"宏

10. 打开"操作题"文件夹下的 Access 数据库"操作 10.accdb"，完成下列操作。

(1) 在数据库中建立一个名为"活动情况"的表，其表结构如下：

活动编号(短文本，4，主键)、社团号(短文本，4，必填)、活动时间(日期/时间，短日期，要求输入日期必须在 2018 年内，否则提示"请输入今年的日期!")、活动地点(短文本，20)。并输入如表 2-10 所示的记录：

表 2-10　添加至"活动情况"表中的内容

活动编号	社团号	活动时间	活动地点
101	A002	2018/5/5	自强楼 103
102	B003	2018/12/4	科学楼 212

(2) 以库中的"社团成员"表为数据源，创建一个名为"成员信息"的查询，查询名字中含有"静"的成员信息，输出字段为"成员号""姓名"和"社团号"。

(3) 以库中的"社团成员""参团情况"和"社团"三个表为数据源，创建一个名为"参团时间"的多表查询。查询 2018 年参加"大榕树文学"的成员的信息，输出字段为"姓名""社团名称"和"参加日期"，并按"参加日期"降序显示。

(4) 以"社团成员"和"社团"表为数据源，利用报表向导创建名为"社团成员信息"的报表，输出信息包括"社团名称""成员号""姓名""性别""联系电话"，查看数据方式为"通过 社团"，方向为"横向"，其他选项默认。

(5) 创建一个名为"查看成员信息"的宏，功能是先弹出一个标题为"请选择"、图标为"?"的对话框，提示信息为"是否显示所有姓陈的成员信息?"，单击"是"按钮，则以只读方式打开"社团成员"表，并只显示姓"陈"的成员信息，单击"否"按钮，则以只读方式打开"社团成员"表，并只显示非姓"陈"的成员信息。最后，将"查看成员信息"宏转换成 Visual Basic 代码。

【操作提示】

(1) 在"活动情况"表的设计视图里，把"活动时间"字段的"验证规则"设为：>=#2018/1/1# And <=#2018/12/31#，验证文本设为：请输入今年的日期！

(2) "成员信息"查询的设计视图如图 2-26 所示。

图 2-26 "成员信息"查询的设计视图

(3) "参团时间"查询的设计视图如图 2-27 所示。

字段:	姓名	社团名称	参加日期
表:	社团成员	社团	参团情况
排序:			降序
显示:	☑	☑	☑
条件:		"大榕树文学"	Between #2018/1/1# And #2018/12/31#
或:			

图 2-27 "参团时间"查询的设计视图

(4) 省略，可参考前面同类型的题目。

(5) "查看成员信息"的宏如图 2-28 所示。在该宏的设计视图中单击"将宏转换为 Visual Basic 代码"工具，就可以将宏转换为 Visual Basic 代码了。

图 2-28 "查看成员信息"宏

习题3　窗体设计

1. 打开"窗体设计"文件夹下的 Access 数据库"窗体 01.accdb"，在窗体 FormTimer 中修改和添加如图 2-29 所示的布局和对象，完成下列操作。

图 2-29　FormTimer 窗体

(1) 窗体标题为"电子时钟"，运行时自动居中。

(2) 文本框 Text1 的宽度 4cm，高度 1cm，字号 20 磅，文本居中对齐，文字颜色 RGB(0,0,200)。

(3) 命令按钮 Command1 和 Command2 的标题分别设为"显示时间"和"隐藏时间"。

(4) 窗体计时器的时间间隔为 1000ms，编写窗体的 Timer 事件代码，实现在文本框 Text1 中动态显示当前系统时间。

(5) 编写"显示时间"按钮 Command1 的 Click 事件代码，单击后，显示文本框 Text1 并且实时显示系统时间；编写"隐藏时间"按钮 Command2 的 Click 事件代码，单击后，隐藏文本框 Text1 及系统时间。

【操作提示】

(1) 在窗体的设计视图中，打开属性表，把"窗体"的标题改为"电子时钟"，自动居中设为"是"。

(2) 把文本框 Text1 的"宽度"设为 4cm，"高度"设为 1cm，"字号"设为 20，"文本对齐"设为"居中"，单击"前景色"右边的□按钮→选择"其他颜色"→选择"自定义"，设置红色为 0，绿色为 0，蓝色为 200。

(3) 把按钮 Command1 标题改为"显示时间"，Command2 的标题改为"隐藏时间"。

(4) 把"窗体"的"计时器间隔"设为 1000，单击"计时器触发"右边的□按钮→选择"代码生成器"→为窗体的 Timer 事件编写程序，程序如下：

```
Private Sub Form_Timer()
    Text1.Value = Time
End Sub
```

(5) 单击"显示时间"按钮的"单击"事件右边的□按钮→选择"代码生成器"→为 Command1 的 Click 事件编写程序，程序如下：

```
Private Sub Command1_Click()
```

```
        Text1.Visible = True
End Sub
```

同样的方法为"隐藏时间"按钮 Command2 的 Click 事件编写程序，程序如下：

```
Private Sub Command2_Click()
        Text1.Visible = False
End Sub
```

2. 打开"窗体设计"文件夹下的 Access 数据库"窗体 02.accdb"，在窗体 FormPicture 中修改和添加如图 2-30 所示的布局和对象，完成下列操作。

　　　　　(a)　　　　　　　　　　　(b)

图 2-30　FormPicture 窗体

(1) 窗体标题为"图像设置"。

(2) 选项卡控件中的"页 1"标题是"放大缩小"，"页 2"标题是"切换图片"。

(3) "页 1"中的按钮 Command1 标题是"放大"，Command2 标题是"缩小"。添加图像控件 Image1，显示的是数据库所在文件夹的图片 pic1.jpg，把 Image1 的宽度和高度设为 1.5cm。

(4) "页 2"中的按钮 Command3 标题是"上一张"，Command4 标题是"下一张"。添加图像控件 Image2，显示的是数据库所在文件夹的图片 pic1.jpg，把 Image2 的宽度和高度设为 3cm。

(5) 分别为四个按钮编写单击事件代码，单击"放大"按钮，图像 Image1 的宽度和高度变为原来的二倍；单击"缩小"按钮，图像 Image1 的宽度和高度变为原来的 1/2 倍；单击"上一张"按钮，图像 Image2 显示的是图片 pic1.jpg，同时标签 Label1 显示"图片一"；单击"下一张"按钮，图像 Image2 显示的是图片 pic2.jpg，同时标签 Label1 显示"图片二"。

【操作提示】

(1) 在窗体的设计视图中，打开属性表，把"窗体"的标题改为"图像设置"。

(2) 把选项卡控件中的"页 1"标题设为"放大缩小"，"页 2"标题设为"切换图片"。

(3) 把"页 1"中的按钮 Command1 标题设为"放大"，Command2 标题设为"缩小"。添加一个图像控件 Image1，把 Image1 的"图片"设为 pic1.jpg，"宽度"和"高度"设为 1.5cm。

(4) 把"页2"中的按钮 Command3 标题设为"上一张"，Command4 标题设为"下一张"。添加一个图像控件 Image2，把 Image2 的"图片"设为 pic1.jpg，"宽度"和"高度"设为3cm。

(5) 四个按钮的单击事件代码如下：

```
Private Sub Command1_Click()
    Image1.Width = Image1.Width * 2
    Image1.Height = Image1.Height * 2
End Sub


Private Sub Command2_Click()
    Image1.Width = Image1.Width / 2
    Image1.Height = Image1.Height / 2
End Sub


Private Sub Command3_Click()
    Image2.Picture = CurrentProject.Path + "/pic1.jpg"
    Label1.Caption = "图片一"
End Sub


Private Sub Command4_Click()
    Image2.Picture = CurrentProject.Path + "/pic2.jpg"
    Label1.Caption = "图片二"
End Sub
```

3. 打开"窗体设计"文件夹下的 Access 数据库"窗体 03.accdb"，在窗体 FormChar 中修改和添加如图 2-31 所示的布局和对象，完成下列操作。

图 2-31　FormChar 窗体

(1) 窗体标题为"文字设置"。

(2) 文本框 Text1 设为"凹陷"效果，文字颜色 RGB(0,100,255)，居中显示。

(3) 列表框 List1 中显示：数据库，计算机，编程。编写列表框的单击事件代码，实现单击列表框的某个内容时，该内容在文本框 Text1 中显示。

(4) 组合框 Combo1 中显示：宋体，楷体，隶书。编写组合框的更改事件代码，实现将文本框 Text1 中的字体设置为组合框 Combo1 选中的字体。

(5) 组合框 Combo2 中显示：10，15，20。编写组合框的更改事件代码，实现将文本框 Text1 中的字号设置为组合框 Combo2 选中的字号。

【操作提示】

(1) 在窗体的设计视图中，打开属性表，把"窗体"的标题改为"文字设置"。

(2) 把文本框 Text1 的"特殊效果"设为"凹陷"，前景色设为 RGB(0,100,255)，"文本对齐"设为"居中"。

(3) 把列表框 List1 的"行来源类型"设为"值列表"，"行来源"设为"数据库;计算机;编程"。List1 的单击事件代码如下：

```
Private Sub List1_Click()
        Text1.Value = List1.Value
End Sub
```

(4) 把组合框 Combo1 的"行来源类型"设为"值列表"，"行来源"设为"宋体;楷体;隶书"。Combo1 的单击事件代码如下：

```
Private Sub Combo1_Change()
        Text1.FontName = Combo1.Value
End Sub
```

(5) 把组合框 Combo2 的"行来源类型"设为"值列表"，"行来源"设为"10;15;20"。Combo2 的单击事件代码如下：

```
Private Sub Combo2_Change()
        Text1.FontSize = Combo2.Value
End Sub
```

4. 打开"窗体设计"文件夹下的 Access 数据库"窗体 04.accdb"，在窗体 FormGlyph 中修改和添加如图 2-32 所示的布局和对象，完成下列操作。

(a)   (b)

图 2-32　FormGlyph 窗体

(1) 窗体标题为"字形设置"。

(2) 复选框 Check1、Check2 和 Check3 默认不勾选。

(3) 文本框 Text1 显示"Access 数据库"，居中，字号 14，蚀刻效果。

(4) 按钮 Command1 的标题为"设置(S)"，其中 S 为访问键。

(5) 为按钮 Command1 编写单击事件代码，单击按钮后，根据选中的复选框设置 Text1 中的文字字形。

【操作提示】

(1) 在窗体的设计视图中，打开属性表，把"窗体"的标题改为"字形设置"。

(2) 把复选框 Check1、Check2 和 Check3 的"默认值"设为 False。

(3) 把文本框 Text1 的"默认值"设为"Access 数据库"，"文本对齐"设为"居中"，"字号"设为 14，"特殊效果"设为"蚀刻"。

(4) 把按钮 Command1 的标题设为"设置(&S)"。

(5) 按钮 Command1 的单击事件代码如下：

```
Private Sub Command1_Click()
    Text1.FontBold = Check1.Value
    Text1.FontItalic = Check2.Value
    Text1.FontUnderline = Check3.Value
End Sub
```

5. 打开"窗体设计"文件夹下的 Access 数据库"窗体 05.accdb"，在窗体 FormRect 中修改和添加如图 2-33 所示的布局和对象，完成下列操作。

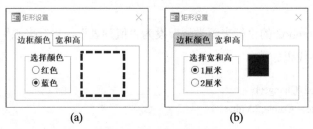

(a)　　　　　　　　(b)

图 2-33　FormRect 窗体

(1) 窗体标题为"矩形设置"。

(2) 在"边框颜色"页中添加一个矩形控件 Box1，宽和高设为 2cm，边框为虚线，边框宽度是 3pt。

(3) "边框颜色"页中的选项组 Frame1 含选项按钮 Option1 和 Option2，编写 Option1 和 Option2 的 MouseDown 事件代码，使得被选中时矩形 Box1 的边框会被设为对应颜色。

(4) 在"宽和高"页中添加一个矩形控件 Box2，宽和高设为 1.5cm，背景色是 RGB(0,0,255)。

(5) "宽和高"页中的选项组 Frame2 含选项按钮 Option3 和 Option4，编写 Frame2 的单击事件代码，使得矩形 Box2 的长宽会被设为对应所选长度。

【操作提示】

(1) 在窗体的设计视图中，打开属性表，把"窗体"的标题改为"矩形设置"。

(2) 在"边框颜色"页中添加一个矩形控件 Box1，"宽度"和"高度"都设为 2cm，"边框样式"为"虚线"，"边框宽度"设为 3pt。

(3) Option1 和 Option2 的 MouseDown 事件代码如下：

```
Private Sub Option1_MouseDown(Button As Integer, Shift As Integer, X As Single, Y As Single)
    Box1.BorderColor = RGB(255, 0, 0)
End Sub


Private Sub Option2_MouseDown(Button As Integer, Shift As Integer, X As Single, Y As Single)
    Box1.BorderColor = RGB(0, 0, 255)
End Sub
```

(4) 在"宽和高"页中添加一个矩形控件 Box2，"宽度"和"高度"都设为 1.5cm，"背景色"设为 RGB(0,0,255)。

(5) Frame2 的单击事件代码如下：

```
Private Sub Frame2_Click()
    Box2.Width = Frame2.Value
    Box2.Height = Frame2.Value
End Sub
```

6. 打开"窗体设计"文件夹下的 Access 数据库"窗体 06.accdb"，在窗体 FormLine 中修改和添加如图 2-34 所示的布局和对象，完成下列操作。

图 2-34　FormLine 窗体

(1) 窗体标题为"直线设置"。

(2) 添加一个矩形控件 Box1，宽为 2cm，高为 3cm，边框宽度是 3pt，边框颜色是 RGB(0,0,0)，距离窗体左侧 1cm，距离窗体顶部 0.5cm。

(3) 添加一个直线控件 Line1，长 2cm，边框宽度是 3pt，边框颜色是 RGB(255,0,0)，距离窗体左侧 1cm，距离窗体顶部 3cm。

(4) 为"上移"按钮 Command1 编写单击事件代码，使得单击时将直线 Line1 上移至原距离 4/5 处。

(5) 为"显示/隐藏"按钮 Command2 编写单击事件代码，使得单击时将直线 Line1 显示或隐藏。

【操作提示】

(1) 在窗体的设计视图中，打开属性表，把"窗体"的标题改为"直线设置"。

(2) 添加一个矩形控件 Box1，"宽度"设为2cm，"高度"设为3cm，"边框宽度"设为3pt，"边框颜色"设为 RGB(0,0,0)，"左"设为1cm，"上边距"设为0.5cm。

(3) 添加一个直线控件 Line1，"宽度"设为 2cm，"边框宽度"设为 3pt，"边框颜色"设为 RGB(255,0,0)，"左"设为1cm，"上边距"设为3cm。

(4) Command1 的单击事件代码如下：

```
Private Sub Command1_Click()
    Line1.Top = Line1.Top * 4/5
End Sub
```

(5) Command2 的单击事件代码如下：

```
Private Sub Command2_Click()
    If Line1.Visible = True Then
        Line1.Visible = False
    Else
        Line1.Visible = True
    End If
End Sub
```

7. 打开"窗体设计"文件夹下的 Access 数据库"窗体 07.accdb"，在窗体 FormLogin 中修改和添加如图 2-35 所示的布局和对象，完成下列操作。

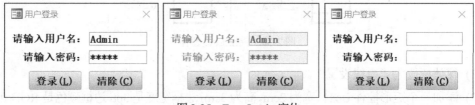

图 2-35　FormLogin 窗体

(1) 窗体标题为"用户登录"。

(2) 两个标签 Label1 和 Label2 的标题分别是"请输入用户名："和"请输入密码："，大小正好容纳。

(3) 在文本框 Text2 中输入的密码内容不能明文显示。

(4) 按钮 Command1 的标题是"登录(L)"，其中 L 是访问键；按钮 Command2 的标题是"清除(C)"，其中 C 是访问键。

(5) 为按钮 Command1 编写单击事件代码，当单击时，文本框 Text1 和 Text2 变成不可用；为按钮 Command2 编写单击事件代码，当单击时，把文本框 Text1 和 Text2 的内容清空，同时把光标置于文本框 Text1 中。

【操作提示】

(1) 在窗体的设计视图中，打开属性表，把"窗体"的标题改为"用户登录"。

(2) 把标签 Label1 和 Label2 的"标题"分别设为"请输入用户名："和"请输入密码："。同时选中标签 Label1 和 Label2，单击窗体设计工具的"排列"→选择"大小/空格"→选择"正好容纳"。

(3) 把文本框 Text2 的"输入掩码"设为"密码"。

(4) 把按钮 Command1 的标题设为"登录(&L)"，把按钮 Command2 的标题设为"清除(&C)"。

(5) 按钮 Command1 和 Command2 的单击事件代码如下：

```
Private Sub Command1_Click()
    Text1.Enabled = False
    Text2.Enabled = False
End Sub
Private Sub Command2_Click()
    Text1.Enabled = True
    Text2.Enabled = True
    Text1.Value = ""
    Text2.Value = ""
    Text1.SetFocus
End Sub
```

8. 打开"窗体设计"文件夹下的 Access 数据库"窗体 08.accdb"，在窗体 FormList 中修改和添加如图 2-36 所示的布局和对象，完成下列操作。

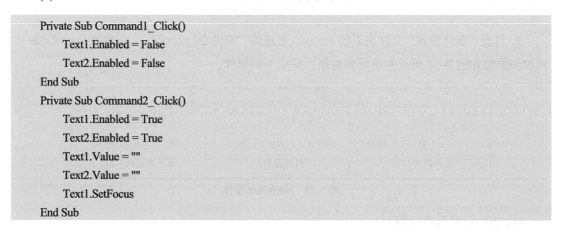

图 2-36 FormList 窗体

(1) 窗体标题为"添加课程"。

(2) 左侧列表框 List1 里的内容有"数学、英语、化学、语文"，凹陷效果。

(3) 右侧列表框 List2 里内容为空，凹陷效果。

(4) 按钮 Command1 的标题是"添加->"。

(5) 为按钮 Command1 编写单击事件代码，当单击时，将列表框 List1 选中的项目添加到列表框 List2 中，同时将列表框 List1 选中的项目删除。

【操作提示】

(1) 在窗体的设计视图中，打开属性表，把"窗体"的标题改为"添加课程"。

(2) 把列表框 List1 的"行来源类型"设为"值列表"，"行来源"设为"数学;英语;化学;语文"，"特殊效果"设为"凹陷"。

(3) 把列表框 List2 的"行来源类型"设为"值列表"，"特殊效果"设为"凹陷"。

(4) 把按钮 Command1 的标题设为"添加->"。

(5) 按钮 Command1 的单击事件代码如下：

```
Private Sub Command1_Click()
    List2.AddItem List1.Value
    List1.RemoveItem List1.Value
End Sub
```

9. 打开"窗体设计"文件夹下的 Access 数据库"窗体 09.accdb"，在窗体 FormDate 中修改和添加如图 2-37 所示的布局和对象，完成下列操作。

  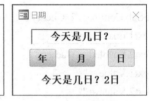

图 2-37　FormDate 窗体

(1) 窗体标题为"日期"。

(2) 文本框 Text1 的文字居中，12 号，凹陷效果。

(3) 为"年"按钮 Command1 编写单击事件代码，当单击时，把"文本框 Text1 输入的内容+系统时间的年份+年"连接起来，显示到标签 Label0 中，同时按钮 Command1 的背景色变成 RGB(255, 255, 100)。

(4) 为"月"按钮 Command2 编写单击事件代码，当单击时，把"文本框 Text1 输入的内容+系统时间的月份+月"连接起来，显示到标签 Label0 中，同时按钮 Command2 的背景色变成 RGB(255, 255, 100)。

(5) 为"日"按钮 Command3 编写单击事件代码，当单击时，把"文本框 Text1 输入的内容+系统时间的日+日"连接起来，显示到标签 Label0 中，同时按钮 Command3 的背景色变成 RGB(255, 255, 100)。

【操作提示】

(1) 在窗体的设计视图中，打开属性表，把"窗体"的标题改为"日期"。

(2) 把文本框 Text1 的"文本对齐"设为"居中"，"字号"设为 12，"特殊效果"设为

"凹陷"。

(3) 按钮 Command1、Command2 和 Command3 的单击事件代码如下：

```
Private Sub Command1_Click()
    Label0.Caption = Text1.Value & Year(Date) & "年"
    Command1.BackColor = RGB(255, 255, 100)
End Sub

Private Sub Command2_Click()
    Label0.Caption = Text1.Value & Month(Date) & "月"
    Command2.BackColor = RGB(255, 255, 100)
End Sub

Private Sub Command3_Click()
    Label0.Caption = Text1.Value & Day(Date) & "日"
    Command3.BackColor = RGB(255, 255, 100)
End Sub
```

10. 打开"窗体设计"文件夹下的 Access 数据库"窗体 10.accdb"，在窗体 FormCake 中修改和添加如图 2-38 所示的布局和对象，完成下列操作。

图 2-38　FormCake 窗体

(1) 窗体标题为"选择蛋糕"，运行时自动居中。

(2) 左侧列表框 List1 里有选项：6 寸、8 寸、10 寸。

(3) 右侧列表框 List2 里有选项：奶酪、巧克力、水果、冰淇淋。

(4) 标签 Label0 的文字居中显示，字号 11，加粗。

(5) 为"请选择"按钮 Command1 编写单击事件代码，当单击时，把"您选择的是+列表框 List1 所选内容+列表框 List2 所选内容+蛋糕"连接起来，显示到标签 Label0 中，同时按钮 Command1 的背景色变成 RGB(255, 255, 100)。

【操作提示】

(1) 在窗体的设计视图中，打开属性表，把"窗体"的标题改为"选择蛋糕"。

(2) 把列表框 List1 的"行来源类型"设为"值列表"，"行来源"设为"6 寸;8 寸;10 寸"。

(3) 把列表框 List2 的"行来源类型"设为"值列表","行来源"设为"奶酪;巧克力;水果;冰淇淋"。

(4) 把标签 Label0 的"文本对齐"设为"居中","字号"设为11,"字体粗细"设为"加粗"。

(5) 按钮 Command1 的单击事件代码如下:

```
Private Sub Command1_Click()
    Label0.Caption = "您选择的是" & List1.Value & List2.Value & "蛋糕"
    Command1.BackColor = RGB(255, 255, 100)
End Sub
```

习题 4   VBA 编程

1. 打开"VBA 编程"文件夹下的 Access 数据库 VBA01.accdb,编写窗体 FormFuction(如图 2-39 所示)中"计算"按钮的 Click 事件,实现下述功能。

将文本框 Text1 的值赋予公式中的 X,按下列分段函数求 Y,并将 Y 值显示在标签 Label2 中。

$$Y = \begin{cases} |X+1| & (X \le 0) \\ \sqrt{X^3-1} & (0 < X \le 9) \\ 5X-3 & (X > 9) \end{cases}$$

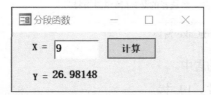 

图 2-39   FormFuction 窗体

2. 打开"VBA 编程"文件夹下的 Access 数据库 VBA02.accdb,编写窗体 FormSum(如图 2-40 所示)中"求和"按钮的 Click 事件,实现下述功能。

在文本框 Text1 中输入一个正整数 n,计算 $s = 1 + \dfrac{1}{2} + \dfrac{1}{3} + \cdots + \dfrac{1}{n}$ 的值,并将 s 值显示在标签 Label2 中。

图 2-40　FormSum 窗体

3. 打开"VBA 编程"文件夹下的 Access 数据库 VBA03.accdb，编写窗体 FormCal(如图 2-41 所示)中"计算"按钮的 Click 事件，实现下述功能。

在文本框 Text1 中输入一个正整数 n，按下面公式计算出 s，并将 s 值显示在标签 Label2 中

$$s=1+(1+2)+(1+2+3)+(1+2+3+4)+\cdots+(1+2+3+\cdots+n)$$

图 2-41　FormCal 窗体

4. 打开"VBA 编程"文件夹下的 Access 数据库 VBA04.accdb，编写窗体 FormPrime(如图 2-42 所示)中"是否为素数"按钮的 Click 事件，实现下述功能。

在文本框 Text1 中输入一个正整数，单击"是否为素数"按钮后，判断所输入的数是否为素数，如果是，则在文本框 Text2 中显示"是素数"；如果不是，则在文本框 Text2 中显示"不是素数"。

提示：素数就是质数，是只能被 1 和本身整除的数。

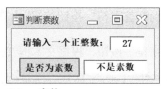

图 2-42　FormPrime 窗体

5. 打开"VBA 编程"文件夹下的 Access 数据库 VBA05.accdb，编写窗体 FormArith(如图 2-43 所示)中"="按钮的 Click 事件，实现下述功能。

根据组合框 Combo1 的选中项(＋、－、*、/)实现对文本框 Text1 和 Text2 中输入数据的四则运算，运算结果显示在文本框 Text3 中。要注意如果除数为 0，结果应显示"除数不能为 0"。

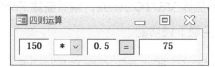

图 2-43　FormArith 窗体

6. 打开"VBA 编程"文件夹下的 Access 数据库 VBA06.accdb，编写窗体 FormOddSum (如图 2-44 所示)中"求和"按钮的 Click 事件，实现下述功能。

单击"求和"按钮，计算区间[M，N]中所有奇数的和。M 的值从文本框 Text1 中获取，N 的值从文本框 Text2 中获取，计算结果显示在标签 Label1 中。要注意如果输入的 M>N，则在标签 Label1 中显示"M 不能大于 N"。

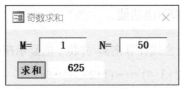 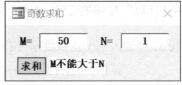

图 2-44 FormOddSum 窗体

7. 打开"VBA 编程"文件夹下的 Access 数据库 VBA07.accdb，编写窗体 FormInvt(如图 2-45 所示)中"逆序"按钮的 Click 事件，实现下述功能。

单击"逆序"按钮，把文本框 Text1 中输入的字符串逆序显示在文本框 Text2 中。

图 2-45 FormInvt 窗体

8. 打开"VBA 编程"文件夹下的 Access 数据库 VBA08.accdb，编写窗体 FormString(如图 2-46 所示)中"判断首字符"按钮的 Click 事件，实现下述功能。

单击"判断首字符"按钮，根据文本框 Text1 输入的字符串，判断其首字符是否为字母，若是则在文本框 Label2 中显示 Yes，否则显示 No。

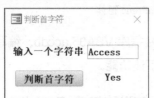 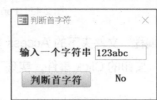

图 2-46 FormString 窗体

9. 打开"VBA 编程"文件夹下的 Access 数据库 VBA09.accdb，编写窗体 FormArea(如图 2-47 所示)中"简称是"按钮的 Click 事件，实现下述功能。

根据 Combo1 的选中项，按照"上海-沪，江苏-苏，浙江-浙，福建-闽"求出简称，把简称显示在文本框 Text1 中。

图 2-47 FormArea 窗体

10. 打开"VBA 编程"文件夹下的 Access 数据库 VBA10.accdb,编写窗体 FormDaffodil(如图 2-48 所示)中"判断"按钮的 Click 事件，实现下述功能。

在文本框 Text1 中输入一个三位的整数(即 100~999 的数)，单击"判断"按钮后，若该数是水仙花数(例如 153)，则在标签 Label2 中显示"153 是水仙花数"，否则(如 135)显示"135 不是水仙花数"。要注意如果输入的不是三位整数，则在标签 Label2 中显示"不是三位整数！"。

提示：水仙花数是指其各位的立方和等于本身。例如：$153=1^3+5^3+3^3$，所以 153 是水仙花数。

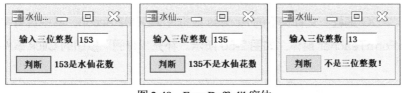

图 2-48 FormDaffodil 窗体

习题 5 ADO 编程

1. 打开"ADO 编程"文件夹下的 Access 数据库 ADO01.accdb，其中含有 Book 表和 FormBook 窗体，如图 2-49 所示。补充组合框 Combo1 的 Change 事件代码，实现下述功能。

(1) 在组合框 Combo1 中选择某一个书号后，查询并显示书名、单价和数量于相应的文本框。

(2) 在文本框 Text4 中显示该图书的总价(总价=单价×数量)。

(a) Book 表   (b) FormBook 窗体

图 2-49 Book 表和 FormBook 窗体

代码如下(横线代表要填充代码的地方，在数据库文件内用【】代表要填充的地方)：

```
Private Sub Combo1_Change()
    Dim rs As ADODB.Recordset
```

```
    Dim strSQL As String
    Set rs = New ADODB.Recordset
    strSQL = "Select * From Book where 书号='" & _____ & "'"
    rs.Open _____, CurrentProject.Connection, 2, 2
    If Not rs.EOF() Then
        Text1 = rs("书名")
        Text2 = rs("单价")
        Text3 = rs("数量")
        Text4 = _____
    End If
    rs.Close
    Set rs = Nothing
End Sub
```

2. 打开"ADO 编程"文件夹下的 Access 数据库 ADO02.accdb，其中含有"教师"表、"专业"表和 FormTeacher 窗体，如图 2-50 所示。补充"查阅"按钮的 Click 事件代码，实现下述功能。

(1) 当单击"查阅"按钮时，根据文本框 Text1 指定的姓名查找相应教师的信息，若能找到则在窗体的相应文本框中显示教师的姓名、性别、出生日期、专业名称，以及在选项组控件 Frame1 中标识对应的职称。

(2) 若未找到该教师姓名，则弹出信息框显示"查无此人！"。

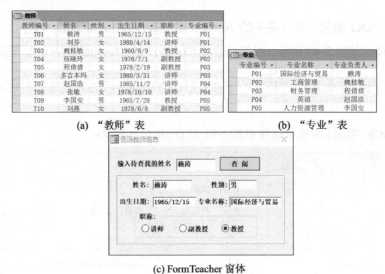

(a) "教师"表   (b) "专业"表

(c) FormTeacher 窗体

图 2-50   "教师"表、"专业"表和 FormTeacher 窗体

代码如下(横线代表要填充代码的地方，在数据库文件内用【】代表要填充的地方):

```
Private Sub Command1_Click()
    Dim f_mark As Boolean
    Dim SQLstr As String
    Dim rs As ADODB.Recordset
    Set rs = New ADODB.Recordset
    SQLstr = "SELECT 教师.姓名,教师.性别,教师.出生日期,教师.职称,专业.专业名称 FROM
教师,专业 WHERE 教师.专业编号=专业.专业编号"
    rs.Open SQLstr, _____, 2, 2
    f_mark = False
    Do While Not rs.EOF() And Not f_mark
        If rs("姓名") = Text1.Value Then
            Text2.Value = rs("姓名")
            Text3.Value = rs("性别")
            Text4.Value = rs("出生日期")
            Text5.Value = rs("专业名称")
            Select Case rs("_____")
            Case "讲师"
                Frame1.Value = 1
            Case "副教授"
                Frame1.Value = 2
            Case "教授"
                _____
            End Select
            f_mark = True
        End If
        _____
    Loop
    If Not f_mark Then
        MsgBox "查无此人!", 0 + 64, "提示"
    End If
    rs.Close
    Set rs = Nothing
End Sub
```

3. 打开"ADO 编程"文件夹下的 Access 数据库 ADO03.accdb，其中含有"课程"表、"选课"表、"学生"表和 FormCourse 窗体，如图 2-51 所示。补充组合框的 Change 事件代码，实现功能：根据组合框 Combo1 中选中的课程名，在列表框 List1 中列出选该门课程的学生姓名。

(a) "课程"表   (b) "选课"表

(c) "学生"表   (d) FormCourse 窗体

图 2-51   "课程"表、"选课"表、"学生"表和"FormCourse"窗体

代码如下(横线代表要填充代码的地方，在数据库文件内用【 】代表要填充的地方):

```
Private Sub Combo1_Change()
    List1.RowSource = ""
    Dim rs As ADODB.Recordset
    Set rs = _____
    Dim strSQL As String
    strSQL = "SELECT 姓名 FROM 学生,选课,课程 WHERE 学生.学号=选课.学号 AND 课程.课程号=
选课.课程号 AND 课程名='" & Combo1.Value & "'"
    rs.Open strSQL, CurrentProject.Connection, 2, 2
    While Not rs.EOF()
        List1.AddItem rs("姓名")
        _____
    Wend
    _____
    Set rs = Nothing
End Sub
```

4. 打开"ADO 编程"文件夹下的 Access 数据库 ADO04.accdb，其中含有"学生"表和
FormStudent 窗体，如图 2-52 所示。补充"查询"命令按钮的 Click 事件代码，实现下述功能。

(1) 在文本框 Text1 中输入一个同学的姓名，单击"查询"按钮，若能找到该学生，则显示
学号、出生日期、性别、是否党员和专业信息。

(2) 若未能找到，则弹出信息框显示"查无此学生！请重新输入！"。

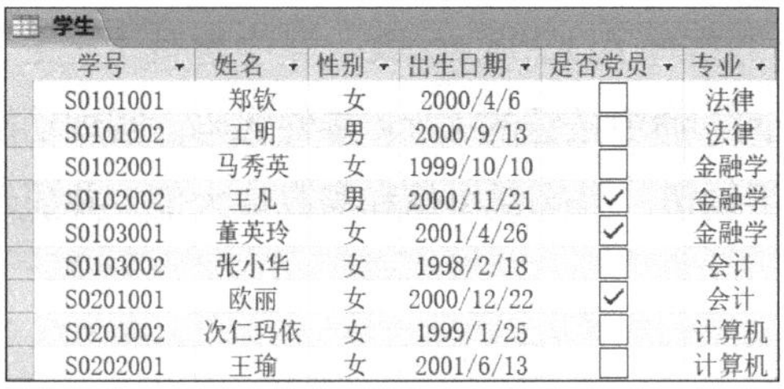

学号	姓名	性别	出生日期	是否党员	专业
S0101001	郑钦	女	2000/4/6	☐	法律
S0101002	王明	男	2000/9/13	☐	法律
S0102001	马秀英	女	1999/10/10	☐	金融学
S0102002	王凡	男	2000/11/21	☑	金融学
S0103001	董英玲	女	2001/4/26	☑	金融学
S0103002	张小华	女	1998/2/18	☐	会计
S0201001	欧丽	女	2000/12/22	☑	会计
S0201002	次仁玛依	女	1999/1/25	☐	计算机
S0202001	王瑜	女	2001/6/13	☐	计算机

(a) “学生”表

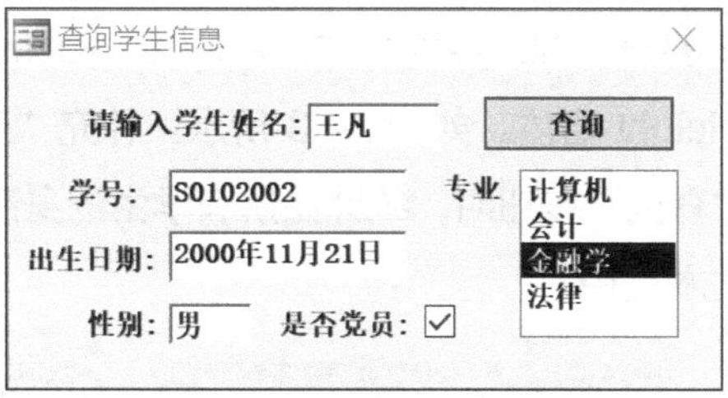

(b) FormStudent 窗体

图 2-52 “学生”表和 FormStudent 窗体

代码如下(横线代表要填充代码的地方，在数据库文件内用【】代表要填充的地方):

```
Private Sub Command1_Click()
    Dim rs As ADODB.Recordset
    Dim SQLstr As String
    Set rs = New ADODB.Recordset
    SQLstr = "SELECT * FROM 学生 WHERE ________='" & Text1.Value & "'"
    rs.Open SQLstr, CurrentProject.Connection, 2, 2
    If ____________ Then
        Text2.Value = rs("学号")
        Text3.Value = rs("出生日期")
        Text4.Value = rs("性别")
        ______________________________
        Select Case rs("专业")
            Case "计算机"
                List1.Selected(0) = True
            Case "会计"
                List1.Selected(1) = True
            Case "金融学"
                ______________________
            Case "法律"
                List1.Selected(3) = True
        End Select
    Else
        MsgBox "查无此学生！请重新输入！"
        Text1.Value = ""
        Text1.SetFocus
    End If
    rs.Close
    Set rs = Nothing
End Sub
```

5. 打开"ADO 编程"文件夹下的 Access 数据库 ADO05.accdb，其中含有"学生"表和 FormHeight 窗体。如图 2-53 所示。补充"查询"命令按钮的 Click 事件代码，实现功能：当单击"查询"按钮时，统计出所有学生的身高平均值、身高最小值和身高最大值，并显示在相应的文本框中。

(a) "学生"表　　　　　　　　　　　(b) FormHeight 窗体

图 2-53　"学生"表和 FormHeight 窗体

代码如下(横线代表要填充代码的地方，在数据库文件内用【】代表要填充的地方)：

```
Private Sub Command1_Click()
    Dim Height_rs As ADODB.Recordset
    Set Height_rs = _____
    Height_rs.Open "Select_____ from 学生", CurrentProject.Connection, 2, 2
    Text1.Value = Height_rs("平均身高")
    Text2.Value = Height_rs("最小身高")
    Text3.Value = Height_rs("最大身高")
    Height_rs.Close
    Set Height_rs = _____
End Sub
```

6. 打开"ADO 编程"文件夹下的 Access 数据库 ADO06.accdb，其中含有 Score 表和 FormCount 窗体，如图 2-54 所示。补充组合框 Combo1 的 Change 事件代码，实现功能：当组合框 Combo1 选中某一门课程名时，统计出选修该门课程的人数、优秀人数(80~100 分)、合格人数(60~79 分)和不合格人数(0~59 分)，并将结果显示在相应的文本框中。

(a) Score 表　　　　　　　　　　　(b) FormCount 窗体

图 2-54　Score 表和 FormCount 窗体

代码如下(横线代表要填充代码的地方，在数据库文件内用【】代表要填充的地方)：

```
Private Sub Combo1_Change()
```

```
Dim rs As ADODB.Recordset
Set rs = New ADODB.Recordset
Dim sqlstr As String
sqlstr = "select * from Score where  课程名=' " & Combo1 & " ' "
rs.Open _____, CurrentProject.Connection, 2, 2
n = 0
x = 0
y = 0
z = 0
Do While Not rs.EOF()
    n = n + 1
    If rs("成绩") >= 80 Then
        x = x + 1
    ElseIf rs("成绩") >= 60 Then
        _____
    Else
        z = z + 1
    End If
    rs.MoveNext
Loop
_____
Me.Text2.Value = x
Me.Text3.Value = y
Me.Text4.Value = z
rs.Close
Set rs = Nothing
End Sub
```

7. 打开"ADO 编程"文件夹下的 Access 数据库 ADO07.accdb，其中含有 Score 表和 FormScore 窗体，如图 2-55 所示。补充"查询"命令按钮的 Click 事件代码，实现功能：在文本框 Text1 中输入一个学生的学号，单击"查询"按钮，统计出该学号对应的选课门数和平均成绩，并将结果显示在相应的文本框中。

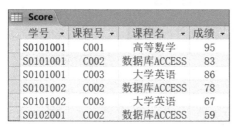

(a) Score 表   (b) FormScore 窗体

图 2-55 Score 表和 FormScore 窗体

代码如下(横线代表要填充代码的地方，在数据库文件内用【】代表要填充的地方)：

```
Private Sub Command1_Click()
    Dim rs As ADODB.Recordset
    Dim SQLstr As String

    _____
    SQLstr = "Select Count(课程号) as CNumber,Avg(成绩) as CAverage From Score
Where 学号=' " & Text1.Value & " ' "
    rs.Open SQLstr, CurrentProject.Connection, 2, 2
    If _____ Then
        Text2.Value = rs("CNumber")
        Text3.Value = _____
    End If
    rs.Close

    _____
End Sub
```

8. 打开"ADO 编程"文件夹下的 Access 数据库 ADO08.accdb，其中含有 Stock 表和 FormStock 窗体，如图 2-56 所示。补充组合框 Combo1 的 Change 事件代码，实现如下功能。

(1) 在组合框 Combo1 中选择一只股票代码后，在相应文本框中显示该股票代码对应的股票简称、买入价、现价和持有数量。

(2) 计算出该股票的盈亏金额((盈亏金额=现价-买入价)*持有数量)，并在文本框 Text5 中显示。

Stock				
股票代码	股票简称	买入价	现价	持有数量
002230	科大讯飞	25.04	28.9	1000
002231	奥维通信	7.5	7.1	2000
002232	启明信息	6.84	7.63	4000
002233	塔牌集团	10.01	9.88	1000
002234	民和股份	11.63	13.11	6000
002235	安妮股份	5.16	4.78	5000

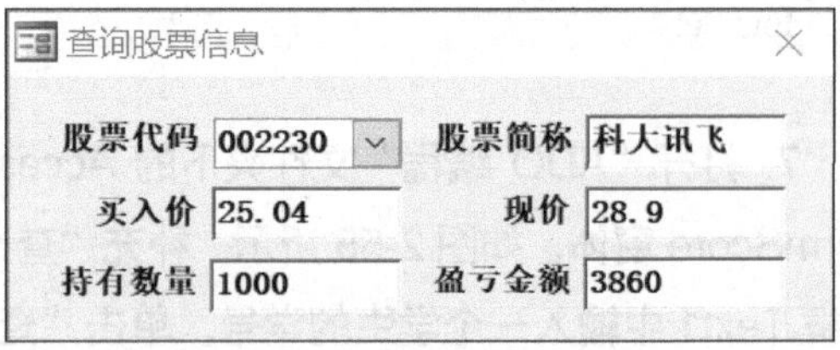

查询股票信息 ✕

股票代码 002230　股票简称 科大讯飞
买入价 25.04　现价 28.9
持有数量 1000　盈亏金额 3860

(a) Stock 表　　　　　(b) FormStock 窗体

图 2-56　Stock 表和 FormStock 窗体

代码如下(横线代表要填充代码的地方，在数据库文件内用【】代表要填充的地方)：

```
Private Sub Combo1_Change()
    Dim rs As ADODB.Recordset
    Set rs = New ADODB.Recordset
    Dim strSQL As String
    strSQL = "Select * From Stock where _____=' " & Combo1.Value & " ' "
    rs.Open strSQL, CurrentProject.Connection, 2, 2
    If Not rs.EOF() Then
```

```
        Text1 = rs("股票简称")
        Text2 = rs("买入价")
        Text3 = rs("现价")
        Text4 = rs("持有数量")
        Text5 = _____
    End If
    _____
    Set rs = Nothing
End Sub
```

9. 打开"ADO 编程"文件夹下的 Access 数据库 ADO09.accdb，其中含有 Book 表和 FormNewBook 窗体，如图 2-57 所示。补充"添加"命令按钮的 Click 事件代码，实现如下功能。

(1) 在对应文本框中输入书号、书名、单价和数量，单击"添加"按钮，如果该书号在 Book 表中没有相同的，则往 Book 表中添加记录。

(2) 如果该书号在 Book 表中有相同的，则不能往 Book 表添加记录。

(a) Book 表　　　　　(b) FormNewBook 窗体

图 2-57　Book 表和 FormNewBook 窗体

代码如下(横线代表要填充代码的地方，在数据库文件内用【】代表要填充的地方):

```
Private Sub Command1_Click()
    Dim rs As ADODB.Recordset
    Dim strSQL As String
    Set rs = New ADODB.Recordset
    strSQL = "select * from Book where  书号=' " & _____ & " ' "
    rs.Open strSQL, CurrentProject.Connection, 2, 2
    If rs.EOF Then
        rs.AddNew
        rs("书号") = Text1
        rs("书名") = Text2
        _____
        rs("数量") = Text4
        _____
    End If
    rs.Close
    Set rs = Nothing
End Sub
```

10. 打开“ADO 编程”文件夹下的 Access 数据库 ADO10.accdb，其中含有“学生”表和 FormGrade 窗体，如图 2-58 所示。补充“进行等级评定”命令按钮的 Click 事件代码，实现功能：单击“进行等级评定”命令按钮时，根据“学生”表中每条记录的“综合分”字段值进行等级评定，得到的等级结果存放在“学生”表当前记录的“等级”字段中。

(注：等级评定规则是：综合分≥90 为“优秀”；80≤综合分<90 为“良好”；70≤综合分<80 为“中等”；60≤综合分<70 为“及格”；综合分<60 为“不及格”。)

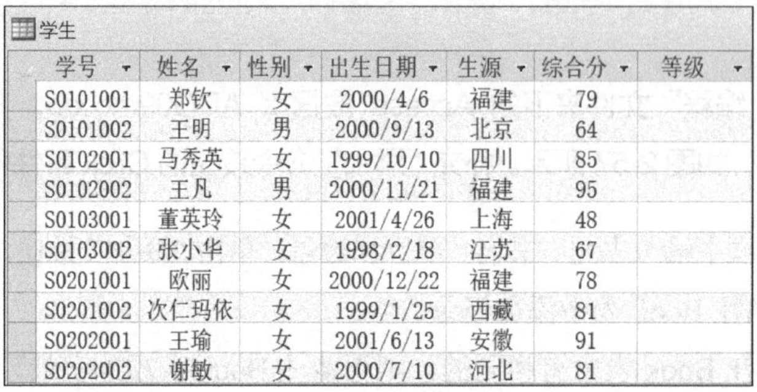

学号	姓名	性别	出生日期	生源	综合分	等级
S0101001	郑钦	女	2000/4/6	福建	79	
S0101002	王明	男	2000/9/13	北京	64	
S0102001	马秀英	女	1999/10/10	四川	85	
S0102002	王凡	男	2000/11/21	福建	95	
S0103001	董英玲	女	2001/4/26	上海	48	
S0103002	张小华	女	1998/2/18	江苏	67	
S0201001	欧丽	女	2000/12/22	福建	78	
S0201002	次仁玛依	女	1999/1/25	西藏	81	
S0202001	王瑜	女	2001/6/13	安徽	91	
S0202002	谢敏	女	2000/7/10	河北	81	

(a) “学生”表

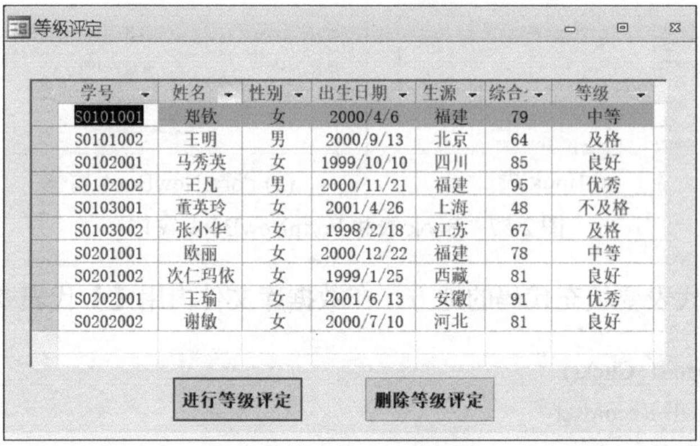

学号	姓名	性别	出生日期	生源	综合:	等级
S0101001	郑钦	女	2000/4/6	福建	79	中等
S0101002	王明	男	2000/9/13	北京	64	及格
S0102001	马秀英	女	1999/10/10	四川	85	良好
S0102002	王凡	男	2000/11/21	福建	95	优秀
S0103001	董英玲	女	2001/4/26	上海	48	不及格
S0103002	张小华	女	1998/2/18	江苏	67	及格
S0201001	欧丽	女	2000/12/22	福建	78	中等
S0201002	次仁玛依	女	1999/1/25	西藏	81	良好
S0202001	王瑜	女	2001/6/13	安徽	91	优秀
S0202002	谢敏	女	2000/7/10	河北	81	良好

(b) FormGrade 窗体

图 2-58 “学生”表和 FormGrade 窗体

代码如下(横线代表要填充代码的地方，在数据库文件内用【】代表要填充的地方)：

```
Private Sub Command1_Click()
  Dim rs As ADODB.Recordset
  Set rs = ____________________
  rs.Open "select * from 学生", CurrentProject.Connection, 2, 2
  Do While ____________
    Select Case rs("综合分")
      Case Is >= 90
        rs("等级") = "优秀"
      Case Is >= 80
        ____________________
```

```
        Case Is >= 70
            rs("等级") = "中等"
        Case Is >= 60
            rs("等级") = "及格"
        Case Else
            rs("等级") = "不及格"
    End Select

    _____
    rs.MoveNext
Loop
rs.Close
Set rs = Nothing
等级评定后学生信息.Form.RecordSource = "select * from 学生"
End Sub
```

❧ 第三部分 ❧

模 拟 试 卷

全国计算机等级考试二级 **Access** 考试方式：

考试环境：中文版 Windows 7，中文版 Access 2016

考试时长：120 分钟

题型及分值：满分 100 分

1. 单项选择题 40 分(含公共基础知识部分 10 分)

2. 基本操作题 18 分

3. 简单应用题 24 分

4. 综合应用题 18 分

表 3-1　题型考试内容

题型	考试内容
基本操作题	建立表：建立表的结构，向表中输入数据，字段属性设置，建立表间关系 维护表：修改表的结构，编辑表的内容，调整表的外观 操作表：排序记录，筛选记录，汇总数据
简单应用题	条件查询，参数查询，操作查询，交叉表查询，SQL 查询的建立
综合应用题	窗体常见控件使用及其属性设置，报表常见控件使用及排序和分组，宏的建立及条件设置，VBA 简单编程

试卷1

一、选择题

1. 设线性表的长度为 12，最坏情况下冒泡排序需要的比较次数为(　　)。

　　A. 66

  B. 78

  C. 144

  D. 60

2. 设栈与队列初始状态为空,将元素 A、B、C、D、E、F、G、H 依次轮流入栈和入队,然后依次轮流退队和出栈,则输出序列为( )。

  A. G,B,E,D,C,F,A,H

  B. B,G,D,E,F,C,H,A

  C. D,C,B,A,E,F,G,H

  D. A,B,C,D,H,G,F,E

3. 树的度为 3,共有 29 个结点,但没有度为 1 和 2 的结点。则该树中叶子结点数为( )。

  A. 0

  B. 9

  C. 18

  D. 不可能有这样的树

4. 循环队列的存储空间为 Q(0:59),初始状态为空,经过一系列正常的入队与退队操作后,front=25,rear=24,循环队列中的元素个数为( )。

  A. 1

  B. 2

  C. 59

  D. 60

5. 下面描述正确的是( )。

  A. 软件是程序、数据与相关文档的集合

  B. 程序就是软件

  C. 软件既是逻辑实体又是物理实体

  D. 软件的运行不一定对计算机系统具有依赖性

6. 单元测试不应涉及的内容是( )。

  A. 模块的接口

  B. 模块的执行路径

  C. 模块的局部数据结构

  D. 模块的出错处理功能

7. 面向对象方法中,将数据和操作置于对象的统一体中的实现方式是( )。

  A. 结合

  B. 抽象

C. 封装

D. 隐藏

8. 在数据库设计中，将 E-R 图转换成关系数据模型的过程属于(　　)。

A. 物理设计阶段

B. 需求分析阶段

C. 概念设计阶段

D. 逻辑设计阶段

9. 学校的每个社团都有一名团长，且一个同学可同时担任多个社团的团长，则实体团长和实体社团间的联系是(　　)。

A. 一对多

B. 多对多

C. 多对一

D. 一对一

10. 定义学生选修课程的关系模式如下：

SC(S#, Sn, C#, Cn, G, Cr)(其属性分别为学号、姓名、课程号、课程名、成绩、学分)

该关系可进一步归范化为(　　)。

A. S(S#, Sn, C#, Cn, Cr), SC(S#, C#, G)

B. S(S#, Sn), C(C#, Cn, Cr), SC(S#, C#, G)

C. C(C#, Cn, Cr), SC(S#, Sn, C#, G)

D. S(S#, Sn), C(C#, Cn), SC(S#, C#, Cr, G)

11. 在考生表中包括：姓名、性别、年龄、电话、身份证号、地址等信息。在设计表的字段时，下列选项中错误的是(　　)。

A. 为身份证号字段建立唯一索引

B. 为姓名字段建立唯一索引

C. 将年龄字段设计为计算型字段

D. 将电话字段设计为短文本型

12. 雇员表中的"政治面貌"字段只能输入"党员""团员"或"群众"，则应该设置的字段属性是(　　)。

A. 默认值

B. 输入掩码

C. 参照完整性

D. 验证规则

13. 在高考报名系统中有考生表(姓名、性别、身份证号、联系电话、考生所在地，…)和志愿表(身份证号，志愿学校1，志愿学校，志愿学校3，…)等。在设计数据表时，考生表和志愿表之间的关系是(   )。

    A. 一对一关系

    B. 一对多关系

    C. 多对一关系

    D. 多对多关系

14. 在学生中考报名系统中有考生表(姓名、性别、身份证号、生日、年龄、联系电话、考生所在地，…)和志愿表(身份证号，志愿学校，志愿专业，志愿排序)等。在设计数据表时，考生表和志愿表之间的关系是(   )。

    A. 一对多关系

    B. 一对一关系

    C. 多对一关系

    D. 多对多关系

15. 在数据库中有"教室表"和"课程安排表"，如果要求"课程安排表"中的"教室编号"必须是"教室表"中已经有的教室，则应该进行的操作是(   )。

    A. 在"课程安排表"和"教室表"的"教室编号"字段设置索引

    B. 在"课程安排表"的"教室表"字段设置输入掩码

    C. 在"课程安排表"和"教室表"之间设置参照完整性

    D. 在"课程安排表"和"教室表"的"教室编号"字段设置验证规则

16. 在 Access 中，如果频繁删除数据库对象，数据库文件中的碎片就会不断增加，数据库文件也会越来越大。解决这一问题最有效的办法是(   )。

    A. 执行"压缩和修复数据库"命令，压缩并修复数据库

    B. 执行"压缩数据库"命令，压缩数据库

    C. 执行"修复数据库"命令，修复数据库

    D. 谨慎删除，尽量不删除

17. 在 Access 中，为了保持表之间的关系，要求在主表中修改相关记录时子表相关记录随之更改。为此需要定义参照完整性的(   )。

    A. 级联删除相关字段

    B. 级联更新相关字段

    C. 级联修改相关字段

    D. 级联插入相关字段

18. 在查询中无法实现的操作是(   )。

    A. 运行查询时可以指定记录的排列顺序

B. 运行查询时根据输入的条件显示表中满足条件的结果

C. 运行查询时根据输入的表名显示指定表的查询结果

D. 可在查询中设置计算字段显示对表中多个字段的计算结果

19. 在短文本型字段的"格式"属性中,若其属性值设置为"@"学院"",则下列叙述中正确的是( )。

A. @代表所有可以输入的数据

B. 只可以输入"@"字符

C. 必须在输入该字段中包含"学院"

D. 对输入的数据在显示时加上"学院"

20. 如果课程表中包含有课程名称、上课时间等字段,欲查找课程名称中包含有"统计"两字的所有课程,下列选项中正确的条件表达式是( )。

A. 课程名称 like "*统计*"

B. 课程名称 like c

C. 课程名称="*统计*"

D. 课程名称=* "统计"*

21. 排课程表中有课程的名称,在星期几上课,上课的教室,课程开始日期和结束日期等信息。欲创建一个查询,查看当天所安排的课程的具体信息,请选择正确的条件表达式填写在查询语句" Select 课程名、教室、星期、开始日期、结束日期 Where【 】"的"【 】"中,使之完成查询( )。

A. 星期=DatePart("w", Date())-1 AND 开始日期>= Date() AND 结束日期<= Date()

B. 星期=DatePart("w", Date())-1 AND 开始日期<= Date() AND 结束日期>= Date()

C. 开始日期<= Date() AND 结束日期>= Date()

D. 开始日期>= Date() AND 结束日期<= Date()

22. 要批量修改学生表中的"报到时间"字段值,可以使用的查询是( )。

A. 更新查询

B. 参数查询

C. 追加查询

D. 选择查询

23. 交叉表查询是为了解决( )

A. 一对多关系中,对"一方"实现分组求和的问题

B. 一对一关系中,对"一方"实现分组求和的问题

C. 一对多关系中,对"多方"实现分组求和的问题

D. 多对多关系中,对"多方"实现分组求和的问题

24. 删除查询对应的 SQL 语句是(   )。

    A. DELETE

    B. DROP

    C. UPDATE

    D. SELECT

25. 在学生表中，有姓名、性别、年龄等字段，查询并显示男生中年龄最大的考生姓名、性别和年龄 3 列信息，正确的 SQL 语句是(   )。

    A. SELLECT TOP1 姓名, 性别, 年龄 FROM 学生表 WHERE 性别="男" ORDER BY 年龄 ASC

    B. SELLECT TOP1 姓名, 性别, 年龄 FROM 学生表 WHERE 性别="男" ORDER BY 年龄 DESC

    C. SELLECT TOP1 姓名, 性别, Max(年龄) AS 年龄 FROM 学生表 WHERE 性别="男" ORDER BY 年龄 DESC

    D. SELLECT TOP1 姓名, 性别, Max(年龄) AS 年龄 FROM 学生表 WHERE 性别="男" ORDER BY 年龄 ASC

26. 有一窗体，txt1 文本框绑定"商品"表的"单价"字段，txt2 文本框绑定"数量"字段。设 txt3 文本框为计算控件，计算出对应商品的总价，下列正确的表达式是(   )。

    A. =[txt1]*[txt2]

    B. =txt1*txt2

    C. ="txt1"*"txt2"

    D. 'txt1'*'txt2'

27. 当为是/否字段(实际上存储为数字)创建选项组时，实则是将"是""否"值分别设置为(   )。

    A. -1、0

    B. 1、0

    C. 0、-1

    D. 1、-1

28. 窗体设计中要使用组合框，应单击的图标的是(   )。

    A.

    B.

    C.

    D.

29. 下列控件中，可以在窗体设计中使用而在报表设计中不能使用的控件是(   )。

    A. 插入分页符

B. 文本框

C. 选项卡控件

D. Web 浏览器控件

30. 在 Access 创建报表，不能使用的方式是(　　)。

A. "报表设计" 方式

B. "空报表" 方式

C. "报表向导" 方式

D. "图形创建" 方式

31. 使用宏设计器，不能创建的宏是(　　)。

A. 独立宏

B. 数据宏

C. 嵌入宏

D. 条件宏

32. Access 中，没有设置 "控件来源" 属性的控件是(　　)。

A. 绑定型

B. 未绑定型

C. 计算型

D. 以上选项均不对

33. InputBox 函数的返回值类型是(　　)。

A. Long

B. String

C. Integer

D. Variant

34. 下列关于内置函数 DAvg 和 Avg 的叙述中，正确的是(　　)。

A. DAvg 是计算一组指定记录中的平均值，Avg 是计算查询中指定字段的平均值

B. DAvg 和 Avg 的功能相同，均是计算由查询返回的一组记录的一组值的平均值

C. DAvg 和 Avg 的功能不同，DAvg 可以同时对多个字段的一组值计算平均值

D. DAvg 是计算查询中指定字段的平均值，Avg 是计算一组指定记录中的平均值

35. 下列关于内置函数 DCount 的叙述中，正确的是(　　)。

A. DCount 函数与 Count 函数的功能相同

B. DCount 是计算一组指定记录的记录数

C. DCount 可同时得到多个字段的统计结果

D. DCount 是统计由查询返回的记录数

36. 在 VBA 中，如果没有对变量 NewVar 进行声明而直接执行语句：NewVar= "2016.0423"，则下列结论中正确的是(　　)。

    A. 由于 NewVar 没有声明，程序运行会出现错误

    B. 程序可以运行，NewVar 的数据类型为 Variant

    C. 程序可以运行，NewVar 的数据类型为 String

    D. 程序可以运行，NewVar 的数据类型为 Double

37. 在 VBA 定义过程时，形式参数的默认数据类型是(　　)。

    A. Integer

    B. Variant

    C. Double

    D. String

38. 窗体的事件过程如下：

```
Private Sub Form_MouseDown(Button As Integer, Shift As Integer, X As Single, Y As Single)
    If Shift=6 And Button=2 Then
        MsgBox "Hello world"
    End If
End Sub
```

程序运行后，要在窗体消息框中显示 Hello world，在窗体上应执行的操作是(　　)。

    A. 同时按下 Shift 键和鼠标左键

    B. 同时按下 Shift 键和鼠标右键

    C. 同时按下 Ctrl、Alt 键和鼠标左键

    D. 同时按下 Ctrl、Alt 键和鼠标右键

39. 在窗体有两个名为 text0 的文本框和一个名为 Command1 的命令按钮，事件过程如下：

```
Private Sub Command1_Click()
    n= Val(InputBox("请输入 n:"))
    x=1
    y=1
    k=0
    Do While k<n
        z=x+y
        x=y
        y=z
        k=k+1
    loop
    Text0= Str(z)
End Sub
```

程序运行后，单击命令按钮，如果输入 5，则在文本框 text0 中显示的值是(　　)。

　　A. 8

　　B. 13

　　C. 21

　　D. 34

40. 在窗体中有一个命令按钮 Command1，三个文本框 Text0、Text1 和 Text2，命令按钮对应的代码过程如下：

```
Private Sub Command1_Click()
    Dim i, f1, f2 As Integer
    Dim flag as Boolean
    f1 = Val(Me!Text0)
    f2 = Val(Me!Text1)
    If f1 > f2 Then
        i = f2
    Else
        i = f1
    End If
    flag = True
    Do While i > 1 And flag
        If f1 Mod i = 0 And f2 Mod i = 0 Then
            flag = False
        Else
            i = i-1
        End If
    Loop
    Me!Text2 = i
End Sub
```

运行程序，在文本框 Text0 和 Text1 中分别输入 15 和 25，单击按钮后文本框 Text2 中显示的结果是(　　)。

　　A. 5

　　B. 10

　　C. 15

　　D. 25

二、基本操作题

在考生文件夹下，samp1.accdb 数据库文件中已建立两个表对象(名为"员工表"和"部门表")和一个窗体对象(名为 fTest)及一个宏对象(名为 mTest)。试按以下要求，按顺序完成对象的各种操作：

1. 删除表对象"员工表"的照片字段。

2. 设置表对象"员工表"的年龄字段验证规则为：非空且不高于60；同时设置相应验证文本为"请输入合适年龄"。

3. 设置表对象"员工表"的聘用时间字段的默认值为：系统当前日期当年当月的最后一天(要求：系统当前日期必须通过函数获取)。

4. 查找出"员工表"的各个部门中年龄最小的男员工和年龄最小的女员工，在其对应简历字段值后追加"***"标记字符。

5. 设置相关属性，实现窗体对象(名为fTest)上的记录数据不允许删除的操作。

6. 删除表对象"员工表"和"部门表"之间已建立的错误表间关系，重新建立正确关系；将宏对象(名为mTest)重命名为可自动运行的宏。

三、简单应用题

在考生文件夹下存在一个数据库文件samp2.accdb，里面已经设计好表对象tCollect、tpress和tType。试按以下要求完成设计：

1. 创建一个查询，查找并显示购买"价格"大于100元并且"购买日期"在2001年以后(含2001年)的CDID、"主题名称""价格""购买日期""介绍""出版单位名称"和"CD类型名称"7个字段的内容，所建查询名为qT1。

2. 创建一个查询，查找收藏品中CD盘最高价格和最低价格，计算两种价格的差值，并输出，标题显示为v_Max、v_Min和"价格差"，所建查询名为qT2。

3. 创建一个查询，查找"类型ID"为02的CD盘中，价格低于所有CD盘平均价格的信息，并显示CDID和"主题名称"，所建查询名为qT3。

4. 创建一个查询，对tType表进行调整，将"类型ID"等于05的记录中的"类型介绍"字段更改为"古典音乐"，所建查询名为qT4。

四、综合应用题

考生文件夹下存在一个数据库文件samp3.accdb，里面已经设计好表对象tStud、窗体对象fSys和报表对象rStud。请在此基础上按照以下要求补充fSys窗体和rStud报表的设计：

1. 在rStud报表的报表页眉节区位置添加一个标签控件，其名称为rTitle，其显示文本为"非团员基本信息表"；将报表标题栏上的显示文本设置为"非团员信息"；将名称为tSex的文本框控件的输出内容设置为"性别"字段值。在报表页脚节区添加一个计算控件，其名称为tCount，显示报表学生人数。

2. 将fSys窗体的边框样式设置为"细边框"，取消窗体中的水平和垂直滚动条、导航按钮、记录选择器、分隔线、最大化按钮和最小化按钮。

3. 将 fSys 窗体中"用户名称"(名称为 IUser)和"用户口令"(名称为 IPass)两个标签上的文字颜色改为红色(红色代码为#FF0000),字体粗细改为"加粗"。

4. 将 fSys 窗体中名称为 tPass 的文本框控件的内容以密码形式显示;将名称为 cmdEnter 的命令按钮从灰色状态设为可用;将控件的 Tab 移动次序设置为:tUser→tPass→cmdEnter→cmdQuit。

5. 试根据以下窗体功能和报表输出要求,补充已给事件代码,并运行调试。在窗体中有"用户名称"和"用户密码"两个文本框,名称分别为 tUser 和 tPass,还有"确定"和"退出"两个命令按钮,名称分别为 cmdEnter 和 cmdQuit。窗体加载时,重置 bTitle 标签的标题为"非团员人数为 XX",这里的 XX 为从表查询计算得到;在输入用户名称和用户密码后,单击"确定"按钮,程序将判断输入的值是否正确,如果输入的用户名称为 csy,用户密码为 1129,则显示提示框,提示框标题为"欢迎",显示内容为"密码输入正确,打开报表!",单击"确定"按钮关闭提示框后,打开 rStud 报表,代码设置其数据源输出非团员学生信息;如果输入不正确,则提示框显示"密码错误!",同时清除 tUser 和 tPass 两个文本框中的内容,并将光标移至 tUser 文本框中。当单击窗体上的"退出"按钮后,关闭当前窗体。以上涉及计数操作统一要求用"*"进行。

注意:不允许修改报表对象 rStud 中已有的控件和属性;不允许修改表对象 tStud。不允许修改窗体对象 fSys 中未涉及的控件、属性和任何 VBA 代码;只允许在"*****Add*****"与"*****Add*****"之间的空行内补充一条代码语句、不允许增删和修改其他位置已存在的语句。

试卷 2

一、选择题

1. 下列叙述中正确的是(   )。

    A. 链表可以是线性结构也可以是非线性结构

    B. 链表只能是非线性结构

    C. 快速排序也适用于线性链表

    D. 对分查找也适用于有序链表

2. 循环队列的存储空间为 Q(1:50)。经过一系列正常的入队与退队操作后,front=rear=25。后又成功地将一个元素退队,此时队列中的元素个数为(   )。

    A. 24

    B. 49

    C. 26

    D. 0

3. 设二叉树中有 20 个叶子结点，5 个度为 1 的结点，则该二叉树中总的结点数为(　　)。

    A. 46

    B. 45

    C. 44

    D. 不可能有这样的二叉树

4. 设栈与队列初始状态为空。首先 A、B、C、D、E 依次入栈，再 F、G、H、I、J 依次入队；然后依次出队至队空，再依次出栈至栈空。则输出序列为(　　)。

    A. E, D, C, B, A, F, G, H, I, J

    B. E, D, C, B, A, J, I, H, G, F

    C. F, G, H, I, J, A, B, C, D, E

    D. F, G, H, I, J, E, D, C, B, A

5. 下面不属于软件工程三要素的是(　　)。

    A. 环境

    B. 工具

    C. 过程

    D. 方法

6. 程序流程图是(　　)。

    A. 总体设计阶段使用的表达工具

    B. 详细设计阶段使用的表达工具

    C. 编码阶段使用的表达工具

    D. 测试阶段使用的表达工具

7. 下面属于"对象"成分之一的是(　　)。

    A. 封装

    B. 规则

    C. 属性

    D. 继承

8. 数据库管理系统能实现对数据库中数据的查询、插入、修改和删除，这类功能称为(　　)。

    A. 数据控制功能

    B. 数据定义功能

    C. 数据存储功能

    D. 数据操纵功能

9. 实体电影和实体演员之间的联系是(　　)。

    A. 一对一

    B. 多对多

C. 多对一

D. 一对多

10. 定义学生的关系模式：

S(S#, Sn, Sex, Age, D#, Da)(其属性分别为学号、姓名、性别、年龄、所属学院、院长)

该关系的范式最高是(   )。

    A. INF

    B. 2NF

    C. 3NF

    D. BCNF

11. 下列是关于 Access 中表的叙述，正确的是(   )。

    A. 若表之间存在联系，则可通过文件名标识表间的关系

    B. 若表之间不存在联系，则不需要考虑文件名之间的关系

    C. 若表之间存在联系，则需要考虑表名之间的关系

    D. 表之间是否存在联系与数据表的名称无关

12. Access 可以将字段的数据类型定义为"查阅向导"，"查阅向导"的含义是(   )

    A. 输入数据时可以显示操作过程信息

    B. 输入数据时可显示系统的帮助信息

    C. 输入数据时可显示自定义的帮助信息

    D. 输入数据时可以从一个列表中进行选择

13. 某登记表中有姓名、身份证号、婚姻状况、标准照等字段，其中不适合做索引字段的是(   )。

    A. 姓名

    B. 身份证号

    C. 婚姻状况

    D. 标准照

14. 下列关于货币数据类型的叙述中，错误的是(   )。

    A. 货币型字段的小数位数可在 0~15 的范围内设定

    B. 货币型数据等价于具有单精度属性的数字型数据

    C. 向货币型字段输入数据时,不需要输入货币符号

    D. 货币型数据可以与数字型数据进行混合运算

15. 在 Access 中，索引与主关键字之间的关系是(   )。

    A. 只能建立一个主关键字，且必须建立无重复值的索引

    B. 只能建立一个主关键字，且可以建立有重复值的索引

C. 可以建立多个主关键字，且必须建立无重复值的索引

D. 可以建立多个主关键字，且可以建立有重复值的索引

16. 关系模型中最基本的完整性约束是(　　)。

A. 实体完整性规则和参照完整性规则

B. 实体完整性规则和用户定义完整性规则

C. 参照完整性规则和用户定义完整性规则

D. 关系完整性规则和参照完整性规则

17. 在表对象的数据表视图中,不能进行的操作是(　　)。

A. 移动表结构字段顺序

B. 移动表记录顺序

C. 删除一个字段

D. 修改字段的名称

18. 在下列关于 Access 查询的结论中，正确的是(　　)。

A. 生成表查询可生成 SQL 语句，但追加查询不能生成 SQ 语句

B. 删除查询可生成 SQL 语句，但交叉表查询不能生成 SQL 语句

C. 追加查询可生成 SQL 语句，但生成表查询不能生成 SQL 语句

D. 生成表查询、追加查询、删除查询和交叉表查询均可生成 SQL

19. 数据库中有"商品"表如下：

表 3-2　"商品"表

部门号	商品号	商品名称	单价	数量	产地
40	0101	A 牌电风扇	200.00	10	广东
40	0104	A 牌微波炉	350.00	10	广东
40	0105	B 牌微波炉	600.00	10	广东
20	1032	C 牌传真机	1000.00	20	上海
40	0107	D 牌微波炉_A	420.00	10	北京
20	0110	A 牌电话机	200.00	50	广东
20	0112	B 牌手机	2000.00	12	广东
40	0202	A 牌计算机	3000.00	2	广东
30	1041	B 牌计算机	6000.00	10	广东
30	0204	C 牌计算机	100000.00	10	上海

执行 SQL 命令：SELECT * FROM 商品 WHERE 商品名称 Like "*微波炉" OR 单价 in(200,600)

查询结果的记录数是( )。

    A. 1

    B. 2

    C. 3

    D. 4

20. 有"商品"表,其中有"商品名称"字段,其字段内容规范要求为"商品品牌+商品名"。欲创建查询,运行时,输入商品品牌,便查询出表中指定品牌下的所有商品名称,正确的表达式是( )。

    A. like []&"*"

    B. like " []*"

    C. =[]&"*"

    D. ="[]*"

21. 在学生体检表中,查找或者身高在 155 以上的女生,或者体重低于 40 公斤的女生。正确的条件设置是( )。

    A. 性别="女" and (身高>=155 and 体重<40)

    B. 性别="女" or (身高>=155 or 体重<40)

    C. 性别="女" and (身高>=155 or 体重<40)

    D. 性别="女" or (身高>=155 and 体重<40)

22. "体检预约登记表"中有日期/时间型字段"登记日期""预约日期"和短文本型"检查项目"等字段。假设预约规则为"B 超",登记日期之后 10 天,"彩超"则约在之后的第 30 天。在设计更新查询时(设计视图如图 3-16 所示),设计网络中"更新到"应填写的表达式是( )。

    A. IIf([检查项目]="B 超",[登记日期]+10,[登记日期]+30)

    B. IIf([检查项目]="B 超",[登记日期]+30,[登记日期]+10)

    C. If([检查项目]="B 超",[登记日期]+10,[登记日期]+30)

    D. If([检查项目]="B 超",[登记日期]+30,[登记日期]+10)

图 3-1 "体检预约登记表"设计视图

23. 下列关于 SQL 命令的叙述中,错误的是( )。

    A. DELETE 命令不能与 GROUP BY 关键字一起使用

    B. SELECT 命令不能与 GROUP BY 关键字一起使用

C. INSERT 命令不能与 GROUP BY 键字一起使用

D. UPDATE 命令不能与 GROUP BY 关键字一起使用

24. 在"学生"表中有姓名、性别、出生日期等字段，要查询女生中年龄最小的学生，并显示姓名、性别和年龄，正确的 SQL 命令是(　　)。

    A. SELECT 姓名, 性别, MIN(YEAR(DATE())-YEAR([出生日期])) AS 年龄 FROM 学生 WHERE 性别=女

    B. SELECT 姓名, 性别, MIN(YEAR(DATE())-YEAR([出生日期])) AS 年龄 FROM 学生 WHERE 性别="女"

    C. SELECT 姓名, 性别, 年龄 FROM 学生 WHERE 年龄=MIN(YEAR(DATE())-YEAR([出生日期])) AND 性别=女

    D. SELECT 姓名, 性别, 年龄 FROM 学生 WHERE 年龄=MIN(YEAR(DATE())-YEAR([出生日期])) AND 性别="女"

25. 如果要求每次打开应用程序时都自动打开同一个窗体，设置这种功能的正确方法是(　　)。

    A. 在"Access 选项"中指定启动窗体

    B. 将作为启动窗体名称改为"切换面板"

    C. 将作为启动窗体的属性改为"是"

    D. 将作为启动窗体的名称改为 Autoexec

26. 在进行窗体设计过程，不能切换进入的视图是(　　)

    A. 窗体视图

    B. 布局视图

    C. 设计视图

    D. 数据视图

27. 使用子宏的目的是(　　)

    A. 方便对多个宏进行组织和管理

    B. 方便对含有多个操作的宏进行管理

    C. 方便对含有控件操作的宏进行管理

    D. 方便对含有复杂功能的宏进行管理

28. 如果要求在被调用过程中改变形式参数的值时只景响形参变量，而不影响实参变量本身，这种参数传递方式是(　　)。

    A. ByVal

    B. 按地址传递

    C. ByRef

    D. 按形参传递

29. 使用程序控制关闭窗体 Fmt，则首先触发 Fmt 的事件是(   )。

    A. 卸载(Unload)

    B. 停用(Deactivate)

    C. 关闭(Close)

    D. 成为当前(Current)

30. 若要将指定的记录成为打开窗体的数据集的当前记录，应该使用的宏操作是(   )

    A. GoToRecord

    B. GoToControl

    C. FindRecord

    D. ApplyFilter

31. 下列关于宏设计的叙述中，错误的是(   )。

    A. 宏可以包含子宏的设计

    B. 嵌入宏设计不需要设置宏的名称

    C. 宏中的各个子宏之间要有一定的联系

    D. 含有子宏的宏与普通宏的外观无差别

32. 函数 Sgn(-8.25)的返回值是(   )。

    A. -1

    B. 0

    C. -8

    D. -9

33. 程序中要统计职称(duty)为"教授"或"副教授"的人数，若使用 IF 语句进行判断计数，则错误的语句是(   )。

    A. If InStr(duty, "教授")>0 Then n=n+1

    B. If Mid(fd, 1)= "教授" Then n+1

    C. If Right(duty, 2)="教授" Then n=n+1

    D. If duty="教授" or duty="副教授" Then n=n+1

34. VBA 中一般采用 Hungarian 符号法命名变量，代表子窗体的字首码是(   )。

    A. sub

    B. Rpt

    C. Fmt

    D. txt

35. 在宏中引用窗体 F1 中文本框 Text1 的值，其完整的语法格式是(   )。

    A. [Forms]![F1]![Text1]

    B. [Form]![F1]![Text1]

C. [F1]![Text1]

D. [Text1]

36. 如果在北京时间 12 点 00 分运行以下代码，程序的输出是(   )。

```
Sub Procedure()
    If Hour(Time())>=8 And Hour(Time())<=12 Then
        Debug.Print "上午好!"
    ElseIf Hour(Time())>12 And Hour(Time())<=18 Then
        Debug.Print "下午好!"
    Else
        Debug.Print "欢迎下次光临!"
    End If
End Sub
```

A. 欢迎下次光临!   B. 上午好!   C. 下午好!

D. 无输出

37. 在窗体上有命令按钮 Command1 和文本框 Text1，编写如下程序：

```
Function result(x As Integer ) As Boolean
    If x mod 2=0 Then
        result = True
    Else
        result = False
    End If
End Function
Private Sub Command1_Click()
    x= Val(InputBox("请输入一个整数"))
    If 【】 Then
        Text1 = Str(x) & "是奇数"
    Else
        Text1 = Str(x) & "是偶数"
    End If
End Sub
```

程序运行后单击命令按钮，在输入对话框中输入 119，则在 Text1 中显示“119 是奇数”。
则程序的【】处应填写的表达式是(   )。

A. result(x)="偶数"   B. result(x)

C. result(x)="奇数"   D. Notresult(x)

38. 在窗体中有一个命令按钮 Command1 和一个文本框 Text1，命令按钮中的事件代码如下：

```
Public x As Integer
Private Sub Command1_Click()
```

```
        x=10
        Call s1
        Call s2
        MsgBox x
End Sub
Private Sub s1()
        x=x+20
End Sub
Private Sub s2()
        Dim x As Integer
        x=x+20
End Sub
```

窗体打开运行后，单击命令按钮，则消息框的输出结果是(   )

    A. 10

    B. 30

    C. 40

    D. 50

39. 窗体上有一个命令按钮 Command1，Click 事件过程如下：

```
Private Sub Command1_Click()
        Dim x As Integer
        X=InputBox("请输入 x 的值")
        Select Case x
                Case1,2,4,6
                        Debug.print "A"
                Case 5,7 To 9
                        Debug.print "B"
                Case Is=10
                        Debug.print "C"
                Case Else
                        Debug.print "D"
        End Select
End Sub
```

窗体打开运行，单击命令按钮，在弹出的输入框中输入 8，则立即窗口上显示的内容是
(   )。

    A. A

    B. B

    C. C

    D. D

40. 要将"职工管理.accdb"文件"职工情况"表中女职工的"退休年限"延长 5 年,程序【 】处应填写的是(   )。

```
Sub AgePlus()
        Dim cn As New ADODB.Connection '连接对象
        Dim rs as New ADODB.Recordset '记录集对象
        Dim fd As ADODB.Field '字段对象
        Dim strConnect as String '连接字符串
        Dim strSQL As String '查询字符串
        Set cn= CurrentProject.Connection
        strSQL=" Select 退休年限 fom 职工情况  where 性别='女' "
        rs.Open strSQL, cn, adOpenDynamic, adLockOptimistic, adCmdText
        Set fd= rs.Fields("退休年限")
        Do While Not rs.EOF
            fd= fd+5
            【 】
            rs.MoveNext
        Loop
        rs.Close
        cn.Close
        Set rs = Nothing
        Set cn = Nothing
End Sub
```

A. rs.Update

B. rs.Edit

C. Edit

D. Update

二、基本操作题

考生文件夹下有一个数据库文件 samp4.accdb,里面已经设计好表对象 tStud 和 tScore,窗体对象 fTest。请按照以下要求完成操作:

1. 将表 tStud 中"学号"字段的字段大小改为 7;将"性别"字段的输入设置为"男"或"女"列表选择;将"入校时间"字段的默认值设置为本年度的 1 月 1 日(要求:本年度年号必须用函数获取)。

2. 将表 tStud 中 1995 年入校的学生记录删除;根据"所属院系"字段的值修改学号,"所属院系"为 01,将原学号前加 1;"所属院系"为 02,将原学号前加 2,依次类推。

3. 将 tStud 表的"所属院系"字段的显示宽度设置为 15;将"简历"字段隐藏起来。

4. 将 tScore 表的"课程号"字段的输入掩码设置为只能输入 5 位数字或字母;将"成绩"

字段的验证规则设置为只能输入 0~100(包含 0 和 100)之间的数字。

5. 分析并建立表 tStud 和 tScore 之间的关系。

6. 将窗体 fTest 中显示标题为 Button1 的命令按钮改为显示"按钮",同时将其设置为灰色无效状态。

三、简单应用题

考生文件夹下存在一个数据库文件 samp5.accdb,里面已经设计好3个关联表对象 tCourse、tScore、tStud 和一个空表 tTemp。试按以下要求完成设计:

1. 创建一个查询,查找并输出姓名是 3 个字的男女学生各自的人数,字段显示标题为"性别"和 NUM,所建查询命名为 qT1。要求:按照学号来统计人数。

2. 创建一个查询,查找 02 院系还未选课的学生信息,并显示其"学号"和"姓名"两个字段内容,所建查询命名为 qT2。

3. 创建一个查询,计算有运动爱好学生的平均分及其与所有学生平均分的差,并显示"姓名""平均分"和"平均分差值"等内容,所建查询命名为 qT3。注意:"平均分"和"平均分差值"由计算得到。

4. 创建一个查询,查找没有先修课程的学生,并将成绩排名前 5 位的学生记录追加到表 tTemp 对应字段中,所建查询命名为 qT4。

四、综合应用题

考生文件夹下存在一个数据库文件 samp6.accdb,里面已经设计好表对象 tEmployee 和 tGroup 及查询对象 qEmployee,同时还设计出以 qEmployee 为数据源的报表对象 rEmployee。试在此基础上按照以下要求补充报表设计:

1. 在报表的报表页眉节区位置添加一个标签控件,其名称为 bTitle,标题显示为"职工基本信息表"。

2. 预览报表时,报表标题显示标签控件 bTitle 的内容,请按照 VBA 代码中的指示将代码补充完整。

3. 在"性别"字段标题对应的报表主体节区距上边 0.1cm,距左侧 5.2 cm 位置添加一个文本框,显示出"性别"字段值,并命名为 tSex;在报表适当位置添加一个文本框,计算并显示每类职务的平均年龄,文本框名为 tAvg。注意:报表适当位置是指报表页脚、页面页脚或组页脚。

4. 设置报表主体节区内文本框 tDept 的控件来源属性为计算控件。要求该控件可以根据报表数据源里的"所属部门"字段值,从非数据源表对象 tGroup 中检索出对应的部门名称并显示输出。(提示:考虑域聚合函数的使用)

注意：不允许修改数据库中的表对象 tEmployee 和 tGroup 及查询对象 qEmployee；不允许修改报表对象 rEmployee 中未涉及的控件和属性。程序代码只允许在"******Add******"与"******Add******"之间的空行内补充一行语句、完成设计，不允许增删和修改其他位置已存在的语句。

附 录

附录 A 习题集参考答案

习题 1 选择题

1.1 数据库技术基础

1. A	2. C	3.C	4. C	5. B	6. B	7. B	8. B	9. C	10. C
11. A	12. A	13. C	14. B	15. C	16. C	17. D	18. B	19. A	20. D
21. B	22. C	23. D	24. A	25. D	26. B	27. B	28. B	29. A	30. B
31. D	32. B	33. C	34. A	35. B	36. B	37. D			

1.2 数据库和表

1. D	2. A	3. B	4. D	5. A	6. C	7. B	8. A	9. C	10. D
11. D	12. D	13. D	14. D	15. B	16. D	17. D	18. B	19. C	20. B
21. C	22. C	23. A	24. A	25. A	26. C	27. A	28. C	29. B	30. B
31. B	32. B	33. C	34. C	35. D	36. B	37. D	38. D	39. C	40. A
41. C	42. C	43. B	44. B	45. B	46. D	47. C	48. B	49. B	50. A
51. A									

1.3 查询

1. C	2. A	3. C	4. B	5. B	6. B	7. C	8. C	9. C	10. B
11. B	12. A	13. B	14. B	15. B	16. B	17. D	18. C	19. B	20. A
21. C	22. A	23. B	24. B	25. B	26. D	27. B	28. D	29. B	

1.4 结构化查询语言(SQL)

1. B	2. B	3. B	4. D	5. B	6. D	7. C	8. B	9. D	10. B
11. A	12. B	13. A	14. C	15. B	16. D	17. A	18. A	19. A	20. A
21. A	22. A	23. A	24. B	25. B	26. C	27. C	28. C	29. C	30. D
31. B	32. B	33. D	34. C	35. D	36. B	37. C	38. D		

1.5 窗体

1. B	2. A	3. A	4. D	5. A	6. C	7. D	8. A	9. C	10. C
11. A	12. B	13. B	14. D	15. C	16. B	17. B	18. A	19. C	20. C
21. D	22. A	23. D	24. B	25. A	26. D	27. B	28. B	29. D	30. B
31. B	32. C	33. A	34. B	35. D	36. D	37. B	38. C	39. B	40. A
41. B	42. A	43. C	44. C	45. D	46. A	47. A	48.D	49. A	50. C
51. C									

1.6 报表

1. A	2. D	3. D	4. B	5. C	6. B	7. A	8. C	9. B	10. D
11. B	12. C	13. D	14. C	15. C	16. B	17. C	18. A	19. D	20. B
21. C	22. C	23. B	24. D	25. B	26. A	27. D			

1.7 宏

1. A	2. B	3. B	4. B	5. D	6. A	7. A	8. D	9. B	10. B
11. C	12. C	13. B	14. C	15. B	16. D	17. A	18. D	19. C	20. A
21. B	22. D	23. B	24. C						

1.8 VBA 程序设计

1. D	2. C	3. C	4. D	5. C	6. D	7. A	8. C	9. C	10. A
11. B	12. B	13. B	14. C	15. C	16. D	17. C	18. D	19. C	20. D
21. C	22. C	23. C	24. B	25. D	26. B	27. C	28. D	29. A	30. D
31. C	32. D	33. C	34. B	35. B	36. B	37. C	38. A	39. D	40. B
41. C	42. A	43. C	44. B	45. A	46. B	47. B	48. D	49. C	50. C
51. A	52. B	53. B	54. C	55. C	56. C	57. D	58. B	59. A	60. C
61. B	62. B	63. A	64. A	65. C	66. B	67. B	68. B	69. A	70. C
71. A	72. C	73. D	74. A	75. B	76. B				

1.9 VBA 数据库访问技术

1. D	2. A	3. C	4. A	5. D	6. D	7. C	8. A	9. A	10. B
11. A	12. A	13. A	14. D	15. A	16. C	17. B	18. B	19. B	20. C
21. D	22. D	23. D	24. D	25. A	26. A	27. A	28. A	29. C	30. C

习题 2　操作题

略。

习题 3　窗体设计

略。

习题 4　VBA 编程

1. 【参考代码】

```
Private Sub Command1_Click()
    Dim x As Single, y As Single
    x = Val(Text1.Value)
    If x <= 0 Then
        y = Abs(x + 1)
    ElseIf x <= 9 Then
        y = Sqr(x ^ 3 -1)
    Else
        y = 5 * x -3
    End If
    Label2.Caption = y
End Sub
```

2. 【参考代码】

```
Private Sub Command1_Click()
    Dim s As Single
    Dim n, i As Integer
    n = Val(Text1.Value)
    s = 0
    For i = 1 To n Step 1
        s = s + 1 / i
```

```
      Next i
      Label2.Caption = s
End Sub
```

3. 【参考代码】

```
Private Sub Command1_Click()
    Dim i, n, f, x As Long
    n = Val(Text1.Value)
    f = 0
    x = 0
    For i = 1 To n Step 1
        x = x + i
        f = f + x
    Next i
    Label2.Caption = f
End Sub
```

4. 【参考代码】

```
Private Sub Command1_Click()
    Dim i, x As Integer
    Dim isPrime As Boolean
    x = Val(Text1.Value)
    isPrime = True
    For i = 2 To x -1
        If x Mod i = 0 Then
            isPrime = False
            Exit For
        End If
    Next i
    If isPrime = True Then
        Text2.Value = "是素数"
    Else
        Text2.Value = "不是素数"
    End If
End Sub
```

5. 【参考代码】

```
Private Sub Command1_Click()
    Dim x, y As Single
    Dim z As Variant
    x = Val(Text1.Value)
    y = Val(Text2.Value)
```

```
    If Combo1.Value = "+" Then
        z = x + y
    ElseIf Combo1.Value = "-" Then
        z = x -y
    ElseIf Combo1.Value = "*" Then
        z = x * y
    ElseIf Combo1.Value = "/" Then
        If y <> 0 Then
            z = x / y
        Else
            z = "除数不能为 0"
        End If
    End If
    Text3.Value = z
End Sub
```

6. 【参考代码】

```
Private Sub Command1_Click()
    Dim s, i, M, N As Long
    M = Val(Text1.Value)
    N = Val(Text2.Value)
    If M <= N Then
        s = 0
        For i = M To N
            If i Mod 2 = 1 Then
                s = s + i
            End If
        Next
        Label1.Caption = s
    Else
        Label1.Caption = "M 不能大于 N"
    End If
End Sub
```

7. 【参考代码】

```
Private Sub Command1_Click()
    Dim x, y As String
    Dim i As Integer
    x = Text1.Value
    y = ""
    For i = Len(x) To 1 Step -1
        y = y & Mid(x, i, 1)
```

```
        Next i
        Text2.Value = y
End Sub
```

8. 【参考代码】

```
Private Sub Command1_Click()
    Dim s As String
    s = Text1.Value
    If Left(s, 1) >= "a" And Left(s, 1) <= "z" Then
        Label2.Caption = "Yes"
    ElseIf Left(s, 1) >= "A" And Left(s, 1) <= "Z" Then
        Label2.Caption = "Yes"
    Else
        Label2.Caption = "No"
    End If
End Sub
```

9. 【参考代码】

```
Private Sub Command1_Click()
    Dim name As String
    name = Combo1.Value
    If name = "上海" Then
        Text1.Value = "沪"
    ElseIf name = "江苏" Then
        Text1.Value = "苏"
    ElseIf name = "浙江" Then
        Text1.Value = "浙"
    ElseIf name = "福建" Then
        Text1.Value = "闽"
    End If
End Sub
```

10. 【参考代码】

```
Private Sub Command1_Click()
    Dim x, bw, sw, gw As Integer
    x = Val(Text1.Value)
    If x >= 100 And x <= 999 Then
        bw = x \ 100
        sw = (x Mod 100) \ 10
        gw = x Mod 10
        If x = bw ^ 3 + sw ^ 3 + gw ^ 3 Then
            Label2.Caption = x & "是水仙花数"
```

```
        Else
            Label2.Caption = x & "不是水仙花数"
        End If
    Else
        Label2.Caption = "不是三位整数！"
    End If
End Sub
```

习题 5　ADO 编程

1. Combo1.Value　　strSQL　　rs("单价") * rs("数量")

2. CurrentProject.Connection　　职称　　Frame1.Value = 3　　rs.MoveNext

3. New ADODB.Recordset　　rs.MoveNext　　rs.Close

4. 姓名　　Not rs.EOF　　Check1.Value = rs("是否党员")　　List1.Selected(2) = True

5. New ADODB.Recordset

Avg(身高) as 平均身高, Max(身高) as 最大身高, Min(身高) as 最小身高　　Nothing

6. sqlstr　　y = y + 1　　Me.Text1.Value = n

7. Set rs = New ADODB.Recordset　　Not rs.EOF　　rs("CAverage")　　Set rs = Nothing

8. 股票代码　　(rs("现价") -rs("买入价")) * rs("持有数量")　　rs.Close

9. Text1.Value　　rs("单价") = Text3　　rs.Update

10. New ADODB.Recordset　　Not rs.EOF　　rs("等级") = "良好"　　rs.Update

附录 B　模拟试卷参考答案

试卷 1

一、选择题

1. A	2. B	3. D	4. C	5. A	6. B	7. C	8. D	9. A	10. B
11. B	12. D	13. A	14. A	15. C	16. A	17. B	18. C	19. D	20. A
21. B	22. A	23. C	24. A	25. B	26. A	27. A	28. C	29. D	30. D
31. B	32. B	33. B	34. A	35. B	36. B	37. B	38. D	39. B	40. A

二、基本操作题

1. 打开考生文件夹下的数据库文件 samp1.accdb，打开"员工表"的设计视图。单击鼠标选中"照片"字段行，右键单击，在弹出的快捷菜单中选择"删除行"命令，弹出 Microsoft Access 对话框，单击"是"按钮。保存修改。

2. 在"员工表"的设计视图中，在"常规"选项卡下的"验证规则"行中输入表达式"Is Not Null And <=60"，在"验证文本"行中输入文字"请输入合适年龄"。保存修改。

3. 在"员工表"的设计视图中，单击鼠标选中"聘用时间"字段行。在"常规"选项卡下的"默认值"行中输入表达式"DateSerial(Year(Date()),Month(Date())+1,0)"。保存修改，关闭"员工表"。

4. 步骤 1：打开"员工表"的数据表视图，单击"所属部门"字段右侧的下三角按钮，勾选 01 对应的复选框。单击"年龄"字段右侧的下三角按钮，选择"升序"命令。单击"性别"字段右侧的下三角按钮，勾选"男"对应的复选框。在筛选出的第 1 条记录的"简历"字段后添加"***"。

步骤 2：单击"性别"字段右侧的下三角按钮，勾选"女"对应的复选框。然后在筛选出的第 1 条记录的"简历"字段后面添加"***"标记字符。

步骤 3：以此类推，对其他部门进行设置。

步骤 4：保存修改，关闭"员工表"。

5. 打开 fTest 窗体的设计视图，打开"属性表"对话框，单击"数据"选项卡，将"允许删除"属性设置为"否"，关闭"属性表"对话框。保存修改，关闭 fTest 窗体。

6. 步骤 1：单击"数据库工具"选项卡下"关系"功能组中的"关系"按钮，打开"关系"设置界面。

步骤 2：单击选中"员工表"和"部门表"之间的关系线，右键单击，在弹出的快捷菜单中选择"删除"命令，弹出 Microsoft Access 对话框，选择"是"。

步骤 3：选中"部门表"表中的"部门号"字段，然后拖动鼠标至"员工表"中的"所属部门"字段，在弹出的"编辑关系"对话框中单击"创建"。

步骤 4：关闭"关系"设置界面。

步骤 5：右键单击 mTest 宏，在弹出的快捷菜单中选择"重命名"命令，在光标处输入 AutoExec。

步骤 6：保存修改，关闭 samp1.accdb 数据库文件。

三、简单应用题

打开考生文件夹下的数据库文件 samp2.accdb。

1. 使用"查询设计"创建一个查询，保存命名为 qT1，设计视图如图 B-1 所示。

字段:	CDID		主题名称	价格	购买日期	介绍	出版单位名称	CD类型名称
表:	tCollect		tCollect	tCollect	tCollect	tCollect	tpress	tType
排序:								
显示:	☑		☑	☑	☑	☑	☑	☑
条件:				>100	>=#2001/1/1#			
或:								

图 B-1　qT1 设计视图

2. 使用"查询设计"创建一个查询，保存命名为 qT2，设计视图如图 B-2 所示。

字段:	v_Max: 价格	v_Min: 价格	价格差: [v_Max]-[v_Min]
表:	tCollect	tCollect	
总计:	最大值	最小值	Expression
排序:			
显示:	☑	☑	☑
条件:			
或:			

图 B-2　qT2 设计视图

3. 使用"查询设计"创建一个查询，保存命名为 qT3，设计视图如图 B-3 所示。

字段:	CDID		主题名称	价格	类型ID
表:	tCollect		tCollect	tCollect	tCollect
排序:					
显示:	☑		☑	☑	☐
条件:				<(select avg([价格]) from [tCollect])	"02"
或:					

图 B-3　qT3 设计视图

4. 使用"查询设计"创建一个更新查询，保存命名为 qT4，设计视图如图 B-4 所示。

字段:	类型介绍		类型ID
表:	tType		tType
更新到:	"古典音乐"		
条件:			"05"
或:			

图 B-4　qT4 设计视图

四、综合应用题

1. 步骤 1：打开考生文件夹下的数据库文件 samp3.accdb，打开 rStud 报表的设计视图。

步骤 2：单击"设计"选项卡下"控件"功能组中的"标签"控件，在报表页眉区上绘制一个矩形区域，输入内容"非团员基本信息表"。

步骤 3：右键单击"非团员基本信息表"控件，在弹出的快捷菜单中选择"属性"命令。在"属性表"对话框中单击"全部"选项卡，在"名称"行中输入 rTitle。

步骤 4：单击"属性表"对话框的下三角按钮，在弹出的下拉列表中选择"报表"，在"标题"行中输入"非团员信息"。

步骤 5：单击"属性表"对话框的下三角按钮，在弹出的下拉列表中选择 tSex 控件，单击"控件来源"右侧的下三角按钮，在弹出的下拉列表中选择"性别"。关闭"属性表"对话框。

步骤 6：单击"设计"选项卡下"控件"功能组中的"文本框"控件，在报表页脚区内拖动,产生一个"文本框"(删除"文本框"前新增的"标签"控件)。

步骤 7:右键单击该"文本框"控件,在弹出的快捷菜单中选择"属性"命令,在"属性表"对话框中单击"全部"选项卡,在"名称"行中输入 tCount,在"控件来源"行中输入=Count(*)。关闭"属性表"对话框

步骤 8:保存修改,关闭报表的设计视图。

2. 步骤 1:打开 fSys 窗体的设计视图,单击"设计"选项卡下"工具"功能组中的"属性表"按钮。

步骤 2:在"属性表"对话框中单击"格式"选项卡,单击"边框样式"右侧的下三角按钮,在弹出的下拉列表中选择"细边框";单击"滚动条"右侧的下三角按钮,在弹出的下拉列表中选择"两者均无",依次单击"导航按钮""记录选择器"和"分割线"右侧的下三角按钮,在弹出的下拉列表中选择"否";单击"最大最小化按钮"右侧的下三角按钮,在弹出的下拉列表中选择"无"。

步骤 3:保存修改,关闭"属性表"对话框。

3. 步骤 1:右键单击"用户名称"控件,在弹出的快捷菜单中选择"属性"命令。

步骤 2:在"属性表"对话框中单击"全部"选项卡,在"前景色"行中输入#FF0000;单击"字体粗细"右侧的下三角按钮,在弹出的下拉列表中选择"加粗"。

步骤 3:单击"属性表"对话框的下三角按钮,在弹出的下拉列表中选择 IPass 控件,在"前景色"行中输入#FF0000;单击"字体粗细"右侧的下三角按钮,在弹出的下拉列表中选择"加粗"。

步骤 4:保存修改,关闭"属性表"对话框。

4. 步骤 1:右键单击"用户密码"右侧的"未绑定"控件,在弹出的快捷菜单中选择"属性"命令,在"属性表"对话框中单击"数据"选项卡。

步骤 2:单击"输入掩码"属性值最右侧,在弹出的"输入掩码向导"对话框中选择"密码",单击"完成"按钮。

步骤 3:单击"属性表"对话框的下三角按钮,在弹出的下拉列表中选择 cmdEnter 控件,在"数据"选项卡下单击"可用"右侧的下三角按钮,在弹出的下拉列表中选择"否"。

步骤 4:保存修改,关闭"属性表"对话框。

步骤 5:右键单击 fSys 窗体设计视图的任意位置,在弹出的快捷菜单中选择"Tab 键次序"命令,在"Tab 键次序"对话框的"自定义次序"列表框中,选中 tUser 拖动鼠标到第 1 行位置,选中 tPass 拖动鼠标到第 2 行位置,选中 cmdEnter 拖动鼠标到第 3 行位置,选中 cmdQuit 拖动鼠标到第 4 行位置,单击"确定"按钮。

步骤 6:保存修改。

5. 步骤 1:单击"设计"选项卡下"工具"功能组中的"查看代码"按钮进入 VBA 代码编辑界面。

步骤 2：在"*****Add1*****"行之间添加如下代码：

`bTitle.Caption = "非团员人数为" & DCount("*", "tStud", "团员否=false")`

步骤 3：在"*****Add2*****"行之间添加如下代码：

`If tUser = "csy" And tPass = "1129" Then`

步骤 4：在"*****Add3*****"行之间添加如下代码：

`tUser.SetFocus`

步骤 5：保存修改，关闭 VBA 代码编辑窗口，关闭窗体的设计视图。

试卷 2

一、选择题

1. A	2. B	3. C	4. D	5. A	6. B	7. C	8. D	9. B	10. B
11. D	12. D	13. D	14. B	15. A	16. A	17. A	18. D	19. D	20. A
21. C	22. A	23. B	24. B	25. A	26. D	27. A	28. A	29. A	30. A
31. C	32. A	33. B	34. A	35. A	36. B	37. D	38. B	39. B	40. A

二、基本操作题

1. 步骤 1：打开考生文件夹下的数据库文件 samp4.accdb，打开 tStud 表的设计视图。

步骤 2：单击"学号"字段行，然后在常规选项卡下的"字段大小"行中输入 7。

步骤 3：在"性别"行的"数据类型"行的下拉列表中选择"查阅向导"命令，在弹出的对话框中选择"自行键入所需要的值"命令，然后单击"下一步"按钮。

步骤 4：在弹出的"查询向导"对话框中依次输入"男""女"，单击"完成"按钮。

步骤 5：单击"入校时间"字段行，在"默认值"行输入"DateSerial(Year(Date()),1,1)"。

步骤 6：保存并关闭 tStud 表。

2. 步骤 1：打开 tStud 表的数据表视图。

步骤 2：单击"入校时间"字段右侧的下三角按钮，勾选 1995 年对应的复选框，单击"确定"按钮。

步骤 3：选中筛选出来的记录，单击"记录"功能区中的"删除"按钮，在弹出对话框中单击"是"按钮，然后单击"入校时间"字段右侧的下三角按钮，勾选"全选"复选框，单击"确定"按钮。

步骤 4：单击"所属院系"字段右侧的下三角按钮，勾选 01 对应的复选框，将"所属院系"为 01 的记录对应的学号字段前增加 1 字样。单击"所属院系"字段右侧的下三角按钮，勾选

02 对应的复选框，将"所属院系"为 02 的记录对应的学号字段前增加 2 字样，以此类推，修改"所属院系"为 03、04 的记录对应的"学号"字段值。

步骤 5：保存并关闭 tStud 表。

3. 步骤 1：打开 tStud 表的数据表视图。

步骤 2：选中"所属院系"字段列，右键单击"所属院系"列，在弹出的快捷菜单中选择"字段宽度"命令，在弹出的"列宽"对话框的文本框中输入 15，然后单击"确定"按钮。

步骤 3：选中"简历"字段列，右键单击"简历"列，在弹出的快捷菜单中选择"隐藏字段"命令。

步骤 4：保存按钮并关闭 tStud 表。

4. 步骤 1：打开 tScore 表的设计视图。

步骤 2：单击"课程号"字段行，在"常规"选项卡下的"输入掩码"行中键入 AAAAA。

步骤 3：单击"成绩"字段行，在"常规"选项卡下的"验证规则"行中键入"<=0 and >=100"。

步骤 4：保存并关闭 tStud 表。

5. 步骤 1：单击"数据库工具"选项卡下"关系"组中的"关系"按钮，如不出现"显示表"对话框则单击"设计"选项卡下"关系"组中的"显示表"按钮，双击添加 tStud 表与 tScore 表，关闭"显示表"对话框。

步骤 2：选中表 tStud 中的"学号"字段，拖动到表 tScore 中的"学号"字段，弹出"编辑关系"对话框，单击"创建"按钮。

步骤 3：保存并关闭关系界面。

6. 步骤 1：打开 fTest 窗体的设计视图。

步骤 2：右键单击命令按钮 Button1，在弹出的快捷菜单中选择"属性"命令，在"全部"选项卡下的"标题"行中输入"按钮"。单击"数据"选项卡，在"可用"行下拉列表中选择"否"命令。

步骤 3：保存并关闭设计视图。

三、简单应用题

打开考生文件夹下的数据库文件 samp5.accdb。

1. 使用"查询设计"创建一个查询，保存命名为 qT1，设计视图如图 B-5 所示。

字段:	性别	NUM: 学号	姓名
表:	tStud	tStud	tStud
总计:	Group By	计数	Where
排序:			
显示:	☑	☑	☐
条件:			Like "???"
或:			

图 B-5　qT1 设计视图

2. 使用"查询设计"创建一个查询，保存命名为 qT2，设计视图如 B-6 所示。

字段:	学号		姓名	所属院系
表:	tStud		tStud	tStud
排序:				
显示:	☑		☑	☐
条件:	Not In (select 学号 from tScore)			"02"
或:				

图 B-6　qT2 设计视图

3. 使用"查询设计"创建一个查询，保存命名为 qT3，设计视图如图 B-7 所示。

字段:	姓名	平均分: 成绩	平均分差值: [平均分]-(select avg([成绩]) from tScore)	简历
表:	tStud	tScore		tStud
总计:	Group By	平均值	Expression	Where
排序:				
显示:	☑	☑	☑	☐
条件:				Like "*运动*"
或:				

图 B-7　qT3 设计视图

4. 使用"查询设计"创建一个追加查询，保存命名为 qT4，设计视图如 B-8 所示。在"设计"选项卡"查询设置"组中，将"返回"框中设置为 5。

字段:	姓名	课程名	成绩	先修课程
表:	tStud	tCourse	tScore	tCourse
排序:			降序	
追加到:	姓名	课程名	成绩	
条件:				Is Null
或:				

图 B-8　qT4 设计视图

四、综合应用题

1. 步骤 1：打开考生文件夹下的数据库文件 samp3.accdb，打开 rEmployee 报表的设计视图。

步骤 2：单击"设计"选项卡下"控件"功能组中的"标签"控件，在报表页眉区上绘制一个矩形区域，输入内容"职工基本信息表"；右键单击"职工基本信息表"控件，在弹出的快捷菜单中选择"属性"命令。

步骤 3：在"属性表"对话框中单击"全部"选项卡，在"名称"行中输入 bTitle，保存修改，关闭"属性表"对话框。

2. 步骤 1：单击"设计"选项卡下"工具"功能组中的"查看代码"按钮进入 VBA 代码编辑界面。

步骤 2：在******Add******行之间添加代码 Me.Caption = bTitle.Caption。

步骤 3：保存修改，关闭 VBA 代码编辑器。

3. 步骤 1：单击"设计"选项卡下"控件"功能组中的"文本框"控件，在主体节区内拖动，产生一个"文本框"(删除"文本框"前新增的"标签"控件)。

步骤 2：右键单击该"文本框"，在弹出的快捷菜单中选择"属性"命令，在"属性表"对话框中单击"全部"选项卡，在"名称"行中输入 tSex；单击"控件来源"下三角按钮，在下拉的列表框中选择"性别"，将"上边距"属性值修改为 0.1cm，将"左"属性值修改为 5.2cm，关闭"属性表"对话框。

步骤 3：单击"设计"选项卡下"分组和汇总"功能组中的"分组和排序"按钮，打开"分组、排序和汇总"窗口。

步骤 4：单击"添加组"按钮，在弹出的字段选择器中选择"职务"字段，单击"更多"按钮，设置"无页眉节""有页脚节"。

步骤 5：单击"设计"选项卡下"控件"功能组中的"文本框"控件，在"职务页脚"区域内拖动，产生一个"文本框"(删除"文本框"前新增的"标签"控件)。

步骤 6：右键单击该"文本框"，在弹出的快捷菜单中选择"属性"命令，在"属性表"对话框中单击"全部"选项卡，在"名称"行中输入 tAvg；在"控件来源"行中输入"=Avg([年龄])"。

步骤 7：保存修改，关闭"属性表"对话框。

4. 步骤 1：右键单击 tDept 控件，在弹出的快捷菜单中选择"属性"命令，在弹出的"属性表"对话框中单击"全部"选项卡，在"控件来源"行中输入表达式"=DLookUp ("名称","tGroup","部门编号='" & [所属部门] & "'")"。

步骤 2：保存修改，关闭"属性表"对话框，关闭 rEmployee 报表的设计视图。